最新版！

これからの SEO 内部対策 本格講座

秀和システム

はじめに

これからのSEOにおいて、"内部対策"は今まで以上に重要性を高めていくでしょう。なぜなら、Googleの技術レベルが上がり、Webサイトそのものを判断する力が高まってきているからです。

とはいえ、現時点に目を向けると、幸か不幸かGoogleの理想値と現状は、少しかけ離れています。それは、Googleは人間のように内部（Webサイト）のみで判断する力を未だ持ち合わせていないため、今でも外部対策（被リンク対策）に頼ったアルゴリズムとなっているからです。

実は、筆者は2012年にも『これからはじめるSEO内部対策の教科書』という本を出しているのですが、当時とは色々と状況が変わってきています。

だから本書では、最新の内部対策について解説しつつ、有効となる外部対策情報についても紹介し、更には「両者の融合」にまで言及しました。それこそが、まさに今、求められているSEOの理想型だからです。

確固たる指針もない中でWebサイト内の文章を推敲しただけでは、少なくとも検索エンジンのロボットに響くことはありません。この点に早く気づくことができるかが、ごく少数の成功者と、勘違いしている多くのWebサイト運営者との分かれ道になります。

筆者が運営している検証・実験兼コーポレートサイトには多くの問い合わせがあります。理由は明らかで、上位表示できているからです。

そして、皆様にも是非とも同じことを体感して欲しい！

だからこそ、本書にはダイレクトに響く施策を凝縮しています。是非、「辞書」のような位置づけで、施策の友として随時確認しながら活用いただければ幸いです。

瀧内 賢（たきうち さとし）

Contents

第3章 SEO内部対策の応用・発展：器官にメスを入れる

第4章 SEO内部対策の全体・総合：体全体のバランスを整える

第6章【内部対策を更に活かすための外部対策】の手順

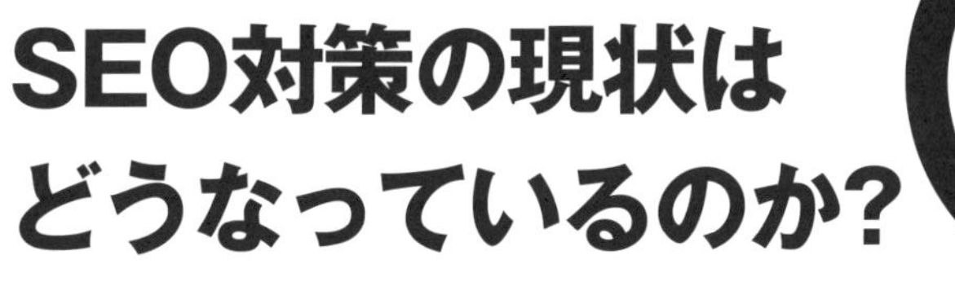

SEO対策の現状はどうなっているのか?

第1章

1-1 これからのSEO対策に求められること

内部対策と外部対策のバランスをどうするのか

内部対策と外部対策の連動がカギ

2012年の秋、筆者は『これからはじめるSEO内部対策の教科書』(技術評論社刊)という「内部対策に絞った内容」のSEO対策本を出したのですが、当時のSEO業界は「外部対策に大きく偏った施策」が主役でした。そんな環境下で、「内部対策がいかに重要なのか」について、世間の多くの方々に知ってもらうことができたのではないかと思っています。

そして、あれから4年以上の月日が経ちました。世のSEO事情がどうなっているかと目を向けてみると……相変わらず「外部対策に偏った施策」が主役となっているようなのです。つまりは、ほとんど変わっていないということですね。

だからこそ、

あらためて、「最新の内部対策」の教科書を出そうと思ったのです。

ただし、2012年当時と今とでは、同じ「内部対策」でも事情が変わっています。カギとなるのは、

内部対策。そして、うまく噛み合わせた外部対策。この両者の連動(融合)

これが重要である。このように感じています。

ちなみに、外部対策と内部対策の連動時、両者の比率は図1-1-1にあるように、内部対策の比率が圧倒的に高くなります。

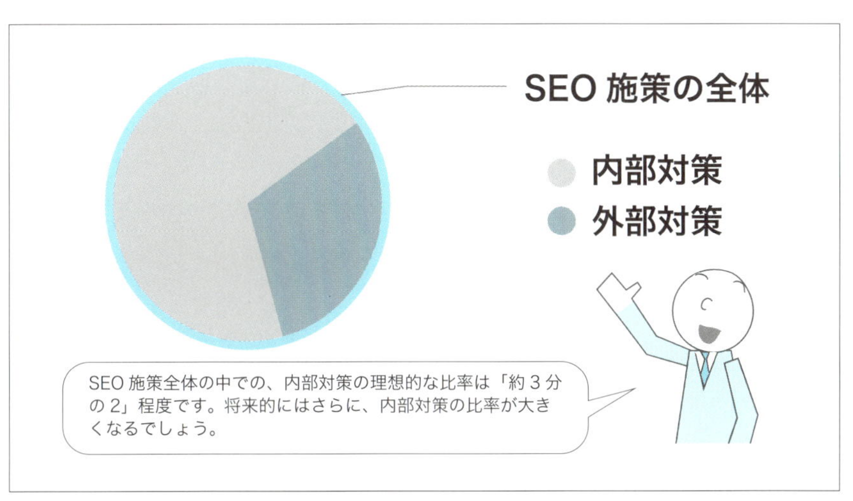
SEO 施策の全体
内部対策
外部対策
SEO 施策全体の中での、内部対策の理想的な比率は「約 3 分の 2」程度です。将来的にはさらに、内部対策の比率が大きくなるでしょう。

▲図1-1-1　SEO施策の全体中の、内部対策と外部対策の理想的な比率

内部と外部の連動、これは、2012年当時には筆者もあまり重視していなかった要素です。その後、Googleの発言においても、被リンクは、Webサイトにおける重要な評価指標であることを示唆しています。

よって、本書では「最新の内部対策ノウハウ」とともに、「内部対策を見据えた、外部対策のノウハウ」も一緒に伝えていきたいと思います。

前作を読んでくれた人も、あらためて本作をぜひ読んでみてほしい！

筆者は、本書をこのような想いで書いています。そして、

本書は、限りなく実践に即したSEOの指南書

です。

筆者はこれまで、数百社のお客様からのご依頼に対応してきました。そして、数多くの実績（上位表示）を残すことができました。

本書で解説するノウハウの数々は、全てこれまでの実績に基づいたものです。決して机上の論理ではなく、現場で実際に成果をあげてきたものばかりです。

「はじめに」でも述べてきましたが、多くのSEO会社において言えること、それは「自社サイト（自身の保有サイト）でさえ、狙ったキーワードで上位表示できていない」という現状です。

SEO会社は、SEO技術で自社のWebサイトを上位表示させ集客できる！

これが本来、SEO会社のあるべき姿のはずですよね。

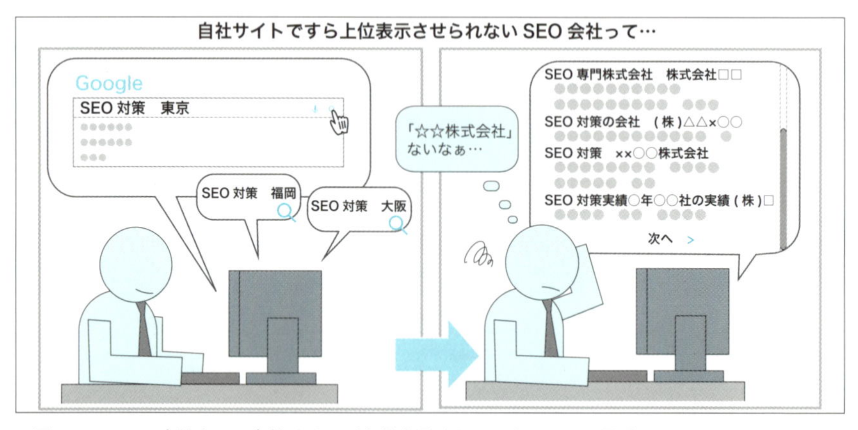

▲図1-1-2　SEO会社なのに自社サイトが上位表示されていないという矛盾

ちなみに、筆者の保有サイトも、数年コーポレート兼SEO検証サイトとして運営していますが、狙ったキーワードの順位が安泰であるからこそ、これまで一度も営業した経験もありませんし、集客に苦慮したこともありません(現在は、むしろ悪い施策を施し、どの程度下落するのかという影響度合いも検証しています)。

つまり本書を参考にすれば、自ずと同じ結果を残すことができるはずなのです。

コンテンツを適切にアピールする術が必要

本書は、限りなくSEOの初心者の方でも理解できるよう、基本から丁寧に書いています。ただ、よくある初心者向けの簡単な施策のみを掲載している書籍レベルでは、競合他社と競い合うことはできません。そのため、スムーズにスキルアップしていけるよう基本を充実させながらも、中・上級の方向けの施策も随所に公開しています。

現状、Googleのアルゴリズムはコンテンツ重視となりつつありますが、そのコンテンツを適切にアピールする術を持ち合わせていなければ、上位表示は難しいと言わざるを得ません。

これについては、次章で概要を述べていきますが、コンテンツが掲載しているその基盤にはソースコードがあります。つまり、HP作成スキルが少し必要となる場面もありますが、初めての方も取り組めるよう工夫をこらしていますので、安心してくださいね。

それでは、一緒に頑張っていきましょう!

1-2 SEOの本質(骨子)とは何か

最適なコンテンツを提供し、適切に検索エンジンへ伝える

良質なコンテンツありき

ハミングバードアップデートなど、SEO内部対策の中心はコンテンツ評価へと移行しつつあります。そんな中、業界事情としては、大手企業の対策でさえも内部ではなく外部対策のみと、施策を限定的に行っている企業が非常に多いように感じます。

しかし、外部対策だけでは、そもそもSEOの本質から外れており、思うような結果に結びつかないことが非常に多いのではないでしょうか。

そもそも、Googleはどのような Webサイトを上位表示させたいのか?という本質を突き詰めると、

その答えは明白です。

Googleは、数あるHPのなかから相対的に評価して、その中で最も適したコンテンツを有したサイトを上位表示させたいはず。つまり、内部対策重視へと徐々にシフトいることについては、以前と変化してはいないということになります。

Googleが、中身のない不完全なサイトを上位表示させるはずもありません。これまで、多くのWebサイトの順位を定点観測するなかで、断言して言えることがあります。先の例においては、一時的に上位表示できたとしても、いつかは下落するときが訪れはずです。

つまり、良質なコンテンツありきなのです。

改めて主張するほどでもないことなのですが、それすら実行に移そうとしないHPが、まだまだ非常に多くあります。そしてこんな現状だからこそ、要所さえ押さえれば、競合から抜きん出ることはさほど難しいことではないのです。

中身の充実した骨太なコンテンツを書くためには

筆者はこれまで、数百におよぶお客様のコンテンツを作成してきました。その際、Webサイト運営者に代わり記事を書いていくうえで、業界事情やお客様の業態も必死に勉強してきました。

記事を書く上での最低限の資格として、お客様にも認めてもらえるほど、また肩を並べるほどの業界知識を得たうえで、はじめてライティングの仕事に関わることができるものだと思っています。

そのため、ライティング・記事代行業者への依頼は、多くの疑問が残ります。専門知識や業界知識を有することなく、果たして、中身のある文章を書くことができるのでしょうか?

中身の充実した骨太なコンテンツを書くためには、本来、それ相応の業界経験を積むべきです。

だからこそ、最も上位表示できるのは、SEO業者にコンテンツを依頼したWebサイトではなく、自前で施策を行ったサイトであるはずです。

このように考えてみると、たとえ外部の周辺(衛星サイト)サイトであっても、きちんと勉強していない、知識のない第三者(部外者)である業者に記事を任せることはおすすめできません。仮に専門業者が、「ライティング部隊がきちんとした文章を書きますよ」とアピールしたとしても、その品質を測る技術力をもたなければ、ただ単に見栄えが「それらしい文章」というだけで、結局は中身のない文章でしかないのです。

だからこそ、検索エンジンにも響かないのです。

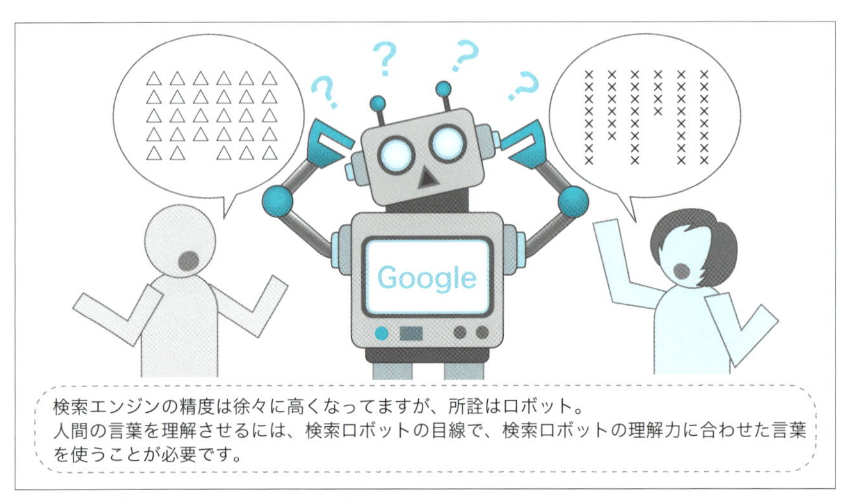

Google
検索エンジンの精度は徐々に高くなってますが、所詮はロボット。
人間の言葉を理解させるには、検索ロボットの目線で、検索ロボットの理解力に合わせた言葉を使うことが必要です。

▲図1-2-1 「それっぽい文章」では何も響かない

検索エンジンに適切に理解させる

SEOコンサルタントにあえて依頼するならば、次のステップに進むためのものです。それは、

検索エンジンに適切に理解させるということです。

ちなみに、この作業は将来的に必要なくなっていくと予測していますが、技術革新が飛躍的に進んだとしても、完全になくすことは難しいでしょう。

なぜなら、評価するのがロボット(≒コンピューター)だからです。

コンテンツが最も大事なのは明らかなのですが、評価するのがロボットである以上、きちんと理解させる術やアピールする術がどうしても必要なのです。この観点においては、以前よりもさらに増して、多くの内部対策が必要となっています。

私たちは、検索エンジンにきちんと理解してもらうためにも、どのようにして意味を汲み取ってもらうかということに、細かい神経を使う必要があるのです。

つまり、必要なのはおもてなしの精神です。

きちんとしたコンテンツを提供したつもりでも、その判断は、独りよがりなものでは効果が表れにくいもの。だからこそ、相手を思いやる気持ちをもって理解しやすいように工夫する。

これこそが、SEOの本質なのです。

Summary まとめ

これまで述べてきたように、

① 最適なコンテンツを提供する

② 検索エンジンに適切に理解してもらう

という2つの課題をクリアすることが必須となります。

ただし、骨太体質・良質コンテンツという判断基準において、決して主観で判断しないようにしてください。なぜなら、良質か否かの判断は、人間が行うそれとは少しズレが生じるからです。

1-3 アルゴリズムの変化と方向性

ユーザーのことを考えて日々進化する

きちんとした情報を提供できるWebサイトへ

以前は、コンテンツの内容などほとんど関係ありませんでした。極端な話、中身がないペラサイトであっても上位表示できる時代があったのです(ちなみに、2012年の内部対策ノウハウ本刊行当初は、適切にキーワードが入っていれば上位表示が可能でした)。

しかし、アルゴリズムの進化により、人の目で判断したうえでも、確かに良いサイトであると言えるようなWebサイトのみが、徐々に上位に表示するようになってきました。これは、ハミングバードアップデートを筆頭に、コンテンツの質や内容を理解しようとするGoogleの技術力がさらなる進化を遂げた結果だと言えます。

そのため、今後は内容を吟味し、きちんとした情報を提供できるWebサイトへと改善しなければいけません。ただ、先にあげたハミングバードアップにおいては、完成度においてまだまだこれからの段階です。

つまり、良質なコンテンツを理解するレベルが未完成であるため、現時点でのGoogleの技術レベルに目線を合わせ、その範囲内での適正なアピールを行う必要性があるわけです。

そしてその際には、

どこに、どのような言葉を配置するかという計算が必要です。

どんなツールでもきちんと見ることができる＝マルチデバイスの台頭

以前は、インターネットの閲覧ツールと言えば「PCのみ」という方が殆どでした。それが、iOSやアンドロイドといったスマートフォン、そしてタブレットが徐々に市場を席捲したことから、PC閲覧だけではなく、様々なデバイスにおいても、ユーザーエクスペリエンスという視点で見やすさを追求せざる負えなくなってきています。

モバイル
タブレット
パソコン
デバイスが変わっても画面からはみ出すようなことがないよう、それぞれのデバイスに対応したWebサイトを構築することをGoogleも推奨しています。

図1-3-1 「閲覧ユーザーへの配慮」が大切

つまり、これまでは市場の中心だったPCのみのインターフェイスが対応できていれば問題なかったのですが、今後は様々なデバイスでもきちんと閲覧できるマルチデバイス対応が求められることになります。

その1つが、モバイルフレンドリーです。

モバイル閲覧者が特に増加したことで、アルゴリズムを大きく変更せざるを得なかったのです。ちなみに現況、その影響は限定的となっていますが、ユーザー数増加の背景から、さらにその影響が大きくなることが予想されます。

PCと同じようにサクッと見ることができる＝表示速度

スマートフォンのネット環境は、PCよりもかなり劣ります。同じように、サクッと表示（画面遷移）できるわけではありません。また、以前は多く用いていたFlashという動く画像などで用いる手法は、PCの表示速度に影響を与えるばかりではなく、スマートフォンでは使用できないものもあります。

このようにデバイス（ネット閲覧ツール）が多様化する中で、使用できる手法にも様々な制限が発生しています。また、最良となるHP制作手法も変化してきているのです。

外部対策の変化

内部と同様、リンクでつながっている外部サイトの関連性や外部サイトの質が問われるようになりました。

その他、

①リンクするに値するのか？
②リンク関係は妥当なのか？

といった細かい部分も、アルゴリズムの1つとなっています。

（なお、この外部対策についての施策は、第5章以降で説明します）。

外部から内部へのシフト

次節で詳しく説明しますが、外部から内部対策へと、アルゴリズムの中での重要性に変化が表れています。以前は、関連性のない外部のサイトから被リンクをもらうことだけでも上位表示が可能でしたが、今では、その手法が役に立たないばかりか、逆に重しへと変化するようになってきました。

(なお、本書の主題となっている「内部対策」については、第2章以降で詳しく説明していきます)。

Summary まとめ

これまで述べてきたように、

①自サイトの中身を充実させる(最適な内部対策を施す)

②様々なデバイスに対応させる

③適切に外部リンクを施す(正攻法の外部対策を行う)

という3つの課題をクリアすることが必須となります。

この①〜③の、それぞれが三位一体となって初めて、効果を得ることができるのです。

1-4 内部対策と外部対策の位置関係や重要性

内部対策への比重移行は変わらないけれど

現況での内部と外部対策の比率

とくにこの4〜5年で、内部対策と外部対策の重要性や立ち位置が変化してきました。以前は、「内部：外部＝3：7」程度で圧倒的に外部対策の比重に頼った施策で結果を得られていたのですが、様々な企業の運営Webサイトの動向を診ていく中で、今ではほぼ同等または逆転し、5：5もしくは6：4ぐらいへと形勢が変わってきたのではないかと感じています。ちなみに、未来形では限りなく内部対策に比重が移るという所感です。

その背景には、SEOアルゴリズムの比率が、徐々に内部へと高まり、重要視されていることが挙げられますが、それでも今の時点では、外部施策が不可欠であり、大変重要な要素となっています。思い返すと、2012年に書いた『これからはじめる内部対策の教科書』の主旨や方向性は間違ってはいなかったのです。ただ、アルゴリズムのシフト（変更）において、Googleは大変慎重となっている様子であり、当時予想していたよりもその動きが鈍化していると言えます。

ここでもう少し、内部と外部を理解しやすくするために、両者の立ち位置を表していきます。図1-4-1は、内部要素と外部要素を「攻め」と「守り」という観点から、それぞれの施策がどのあたりにあるかを表した分布図です。

ちなみに、「攻め」はプラス評価を得るための施策を表し、「守り」はマイナス評価を避けるための施策を表しています。

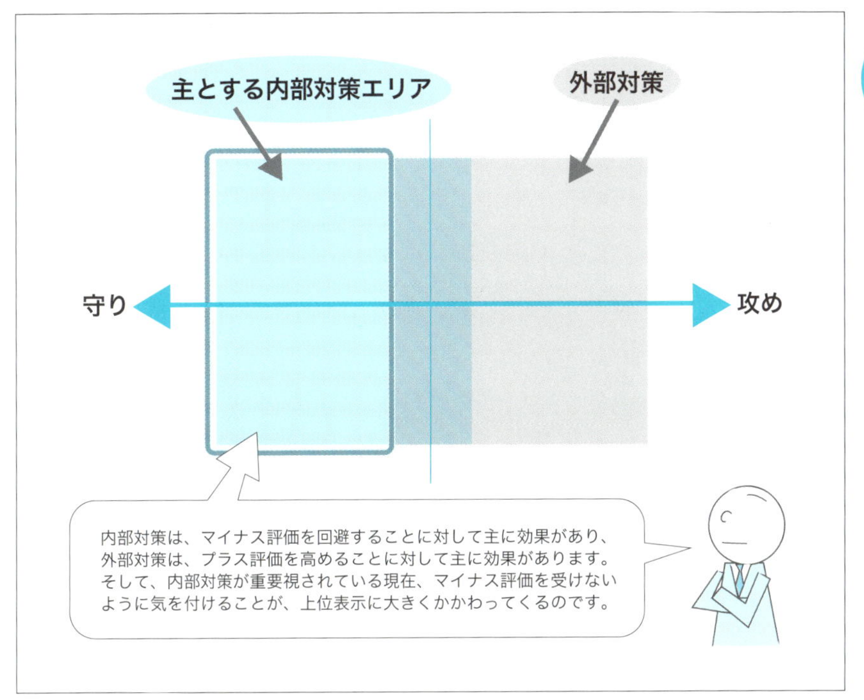

図1-4-1　内部と外部における「攻め」と「守り」の観点からの要素分布

このように、SEOの施策はマイナス評価をできる限り避けながら、プラス評価を得ることが大事なのです。

また、図1-4-1から診断できることとして、内部対策は往々にして守りの分野に位置していることが多く、外部対策は攻めの分野に位置していることがわかります。

対策比重と順位の関係性

これまで検証してきた結果を、まとめてみましょう。

図1-4-2は、筆者や協業で運営している業者の100Webサイトにおいて、対策比重とその順位の関係性を表したものです。

番号	内部対策	外部対策	順位
1	100点	70～100点	1～20位
2	100点	50～70点	10～30位
3	100点	10点	30～100位
4	80点	100点	1～30位
5	50点	50点	50～100位
6	30点	70点	60位～100位
7	20点	100点	圏外または10位以内

▲図1-4-2　内部と外部の対策比重と順位の関係性

ちなみに、100点は最上位を表していますが、厳密に言うと施策の完成形はありません。また、順位とは競合他社との兼ね合いにより順位は異なるため、必ずしも図のような結果となるとは限りませんが、概ねこのような結果となることがわかっています。

なお、ここからは図1-4-2の表にそって勘案していきたいと思います。

番号1：内部対策が100点ならば、最低70点以上の外部対策を施せば、最高1位になれる可能性もあります。

番号2：内部対策100点で、外部対策が50～70点の場合は、一時期10位以内にランクインすることもありましたが、概ね、10～30位で落ち着くことが多いようです。

途中省略しますが、特筆すべきは、次の番号です。

番号3：内部対策が100点でも外部対策が10点の場合、30～100位となっています。つまり、内部対策が完璧であったとしても、どうしても下支えが弱いと上昇が難しいことを意味しています。

番号7：内部対策が20点にも関わらず、外部対策の力だけで、10番以内に入る事は実際にあります。保有している以外の他のサイトを診ても同様のことが散見されています。
ただし、順位において、乱高下を起こしやすいという欠点があります。うまくいけば、10位以内を狙うことも可能ですが、逆に、圏外のまま重しが付いた状態で上に上りにくくなるWebサイトも同時にあるようです。

つまり、

外部に頼る手法は一歩間違えれば、諸刃の剣となってしまうのです。

そのため、外部のみの場合は、乱高下する可能性があることも意識する必要があります。

推測・総評＝守らなければ、安定性に欠ける

概ね、内部対策は守りで、外部対策は攻めを表します。武道に例えて考えてみるとわかりやすいのですが、守ってばかりいても、負けることはないかもしれませんが、いつまでたっても勝つことはできません。逆に攻めてばかりいると、確かに攻撃は最大の防御とも言われており、上手くいく可能性もありますが、攻めている状態では同時に隙が生じています。そして、その隙を突かれるという欠点もあるでしょう。

内部ありきであることは変わらず主張したいことではあるのですが、内部だけでも競合サイトと対等に戦うことはできないのです。

Summary まとめ

これまで述べてきたように、

①内部対策への比重が高まっている

②内部と外部の両者の力を合わせることで、安定的な上位表示となる

③内部対策ありきであるが、外部も必須となる

という3つの事項を意識して、取り組むことが重要です。

1-5 外部対策の必要性とGoogleの真意とは

アルゴリズムに未だ自信を持てない現状

被リンクを評価するようになった経緯

検索エンジンの歴史は、常に試行錯誤の連続です。たった数分の間だけでも、大きく変更している可能性もあるのです。その背景には、検索エンジンをさらにより良いものに是正していこうとするGoogleの強い想いがあり、今もなお技術革新を遂げています。

ここで、被リンクを評価するようになった経緯からお話させていただきます。

そもそも被リンクを評価するようになる以前は、Webページ内部のテキストを見て、使用回数が多いということが評価対象となっていました。例えば、「SEO対策」で上位表示したければ、「SEO対策」を繰り返し、ページ内部に多く使用するということで上位表示できていたのです。

しかしこれでは、小手先の内部対策によって順位が決定してしまうこととなるため、これを是正しようとしたのが、評価の高いサイトからの被リンクによる評価となったのです。

このように、当時は

評価基準が未熟であるからこそ、外部を目安にしなければならないという現状があった

ということですね。

方向性としては、その後、内部を推奨する発言や発表があり、再度内部を重要視する流れとなりましたが、結局、内部のみで評価できるほどの技術力を未だ持ち合わせていないというのが現状であり、第3者の評価を必要としているのです。

量より質の外部対策へ

先ほど説明したように、被リンクが全くない、もしくは1〜2本程度の少なすぎるWebサイトにおいては、Googleが正当な評価を行うことが難しいという実情があります。よって、そのための外部（被リンク）対策は必須です。

しかし、外部評価においても、アルゴリズムの技術革新が進み、単純に被リンクの数を増やせば上位表示できる時代はやがて過ぎ去りました。被リンクを多く張っていくことで、不当に上位表示させようとする輩が増えたことで、それを是正しようとするGoogleの技術革新の結果、

量から質へと変化

していったのです。

他にも数リンク張られていることが前提として、例えば、関連性の高いオーソリティサイトなどから少数のリンクを1つもらうだけで、数十箇所のどこの誰がやっているのかわからないHPからのリンクを凌駕する場合があるのです。

逆に、質の伴わないWebサイトからのリンクは評価を下げ、下落してしまう場合もあるのです。

つまり、少数であっても信頼性のあるリンクが必要なのです。

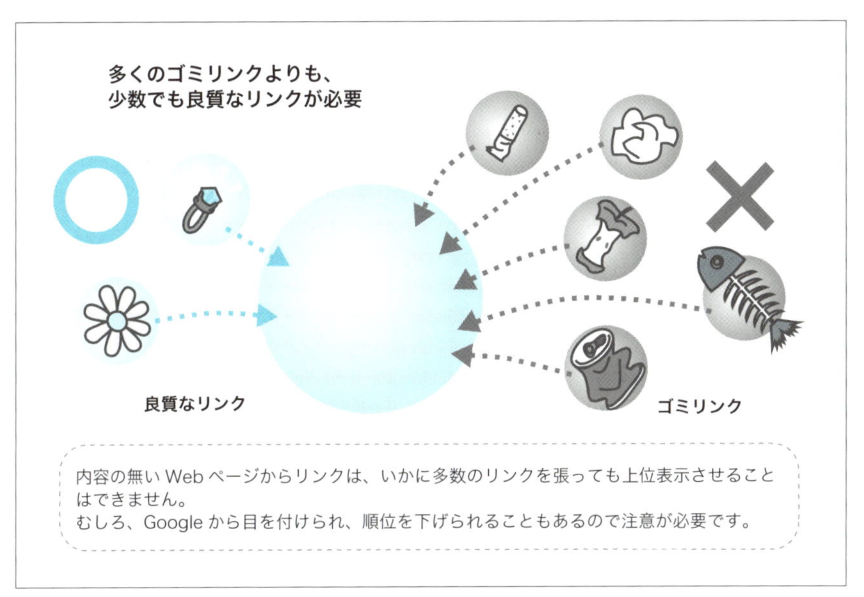

多くのゴミリンクよりも、
少数でも良質なリンクが必要
良質なリンク
ゴミリンク
内容の無い Web ページからリンクは、いかに多数のリンクを張っても上位表示させせることはできません。
むしろ、Google から目を付けられ、順位を下げられることもあるので注意が必要です。

▲図1-5-1　沢山の不要なリンクよりも、少数でも良質なリンク

最近では、コンテンツ（内部対策）さえ良ければ上位表示できるという見解を述べる方もいますが、実際には厳しいというのが現状です。

また、少ない被リンクであっても、信頼できるリンクで周辺を固めれば、検索順位を上げていくとは十分可能なのです。

Googleの発言としては？

Googleの発言を振り返ると、これまで内部重要視を示唆する発言が多くありました。そして、それがクローズアップされたことで、内部重視ということが世間的にも多く取りざたされた経緯は確かにあります。

しかし、今一度考えてみると、外部対策を全く評価しないという発言は未だ出ていないのです。どちらかというと、奥歯に物が挟まったように曖昧な言い方のみで限定されており、はっきりとした方向性を指し示すことすらしなかったのです。

裏を返すと、Googleの技術力がまだまだ進化の途中であり、きちんとWebサイトのみで判断することは、現状難しいことを露呈しているということなのです。逆に、自信があるならば、外部の評価など必要とはしないはずなのです。

比較的新しいアップデートとして、ハミングバードアップデートがあります。ですが、「会話型」としてその検索意図を汲み取った表示結果を得られることは、大きく技術革新が進んだと診てよいのですが、その精度において、まだまだこれからの段階であることは火を見るよりも明らかなのです。

Summary まとめ

これまで述べてきたように、

①内部評価制度における、Googleの技術不足

②外部対策は量から質へ変化

③Googleの発言においては真意を汲み取る

という3つの事項を認識することが必須となります。

1-6 これから始めなければならない内部対策とは

ユーザーの気持ちをより深く考える

SEO内部対策の神髄を理解する

前節では、外部対策の重要性を説きましたが、再度、本書の主題となっている内部対策について考えてみたいと思います。

皆さん、SEO内部対策の神髄とは、何だと思いますか？

それは、価値のあるページを作成し、

コンテンツの内容を検索エンジンにわかりやすくつたえること

です。

アナタ　ナニヲ　イッテルノ！
だ・か・ら！
検索エンジンのロボットは、人間の言葉を100%理解することはできません。
わかりやすい言葉を用いて表現するようにしましょう。

▲図1-6-1　検索エンジンにWebサイトの意図を理解させる

つまり、質が高い＝価値があることが前提で、その内容を検索エンジンが理解しやすい文章へと改善することで、競合ページと差を付けることができるのです。

しかしながら、人間でも文意を読み解くことが少し難しい小説のようなものなら尚さら、検索エンジンが理解することは至難の業でしょう。

最近では、世界的にもコンテンツSEOという言葉が独り歩きしているような感がありますが、実際にコンテンツSEOというその意図を汲み取って施策できている方は、非常に少ないようです。

ここで、価値あるページか否かは、その分野での専門知識やノウハウなどを指しますが、それをいかに上手に伝えるかが大きなハードルとなっています。

例えば、人間の世界でも、題目のない文章においては、何のことについて書いてあるのか繰り返し読まないと意図が理解しづらいのと同様に、h1やh2などの見出しタグがないと、検索エンジンも、その内容をひと目で理解することはとても難しいのです。何を訴えたいのかという判断ができない可能性もあります。

つまり、

理解させるための工夫が必要となるのです。

これこそが、内部対策の神髄です。

時代を先読みし改変していく力

Web全体の動きに目を向けると、HTML5のバージョンから、大見出しであるh1タグを1ページ内にいくつでも使用できるようになりました。このように仕様変更となったことで、SEO的にも大きな影響力をもつh1タグであるからこそ、数多く使用しているWebサイトも非常に増えてきました。

ただ、よく考えてほしいのは、W3Cの見解とGoogleの見解は、必ずしも同じとはならないという点です。技術の標準化を進める国際的な非営利団体であるW3Cの仕様発表を受けて、Googleにおいても、多少なりとも仕様の変更を余儀なくされることは明白なのですが、100%その意図を反映させることは考えにくいでしょう。

そもそも、h1タグの意味は大見出しです。ということは、1ページ内部に1箇所であることが通常望ましいはずなのです。逆に、テーマは1つと決めているにも関わらず、そこには3つも4つもテーマが書かれていたとするならば、人間界と同様、どれを主としていいか迷ってしまうはずなのです。

このような観点から考えても、Googleがそのまま採用することは到底考えられません（詳しくは2-3で解説します）。

またGoogleの発言においても、微妙な発言撤回がこれまで数多くありました。そもそもあいまいに表現することが多く、それを匂わすことで、施策の方向性を指示したつもりではあったと思います。加えて、概ね間違った方向性を指し示しているということではないのですが、どうしても理想と現実との間に大きな乖離があったことは、これまでも否定できない事実です。

なお、これからも日々のように、数多くの施策が増えていくことも十分予想できます。

ただ、本当に日々のように進化し続けていますので、そのたびに手直しすることは、とても非効率なのです。

つまり、方向性が指し示されているのならば、そのゴール地点を明確にし、日々の発言に一喜一憂せず、また、振り回されることないよう、長期展望で施策を継続することが重要なのです。

次の章からは具体的施策に入っていきますが、今必要だからということに限定されることなく、先を見通した施策も公開していきたいと思います。

Summary まとめ

これまで述べてきたように、

①価値あるページを作成する

②検索エンジンに理解させる

③先を見通した長期展望で施策をおこなう

という3つの事項が、内部対策では重要です。

第2章

SEO内部対策の基盤構築：細胞や組織を活性化させる

2-1 上位表示に最も重要なのはtitleの付け方

「title＝Webページの顔」だと考える

title表示の変化

titleとは、HTMLソースコード内にある<title>と</title>にはさまれている文字部分のことで、SEOにおいて最も重要な要素です。ただ、titleのランキングに対する影響ですが、この数年間において、その重要度や依存度は下がってきています。

▲図2-1-1　title表示の例

図2-1-1は、「福岡　不用品処分」で検索した表示結果です。1位のサイトは、「福岡」「不用品」「処分」が使用されていますが、2位のサイトは「処分」というキーワードがtitleに含まれていません。

それは、titleにキーワードが含まれていなくても、検索クエリとの関連性を理解できるようになってきているからです。つまり、コンテンツの関連性が高いとみなされれば、titleにキーワードが含まれていなくても上位表示させることができるようになったのです（実際、検索ボックスに入れたキーワードではないtitleページが、多く検索結果に表示される場合もあります）。

その背景には、検索キーワードに適したコンテンツであるか否かを判断し、上位表示させるというGoogleの意図があります。

ただ、このような状況下であっても、titleを最も重要な指標としていることには変わりありません。

そのため、titleにキーワードを含めることが非常に重要です。

加えて、titleに上位表示させたいキーワードを含めた場合、検索者が欲しい情報であることをひと目で認識できるため、クリック率を上げる要因となる可能性もあります。

だからこそ、今もなお、titleにキーワードを含めるべきだと考えます。

また、検索した際の表示においても、少しずつ変化していきています。目立った違いとして、PC表示においてはtitleの下線がなくなり、文字が少し大きくなっています。

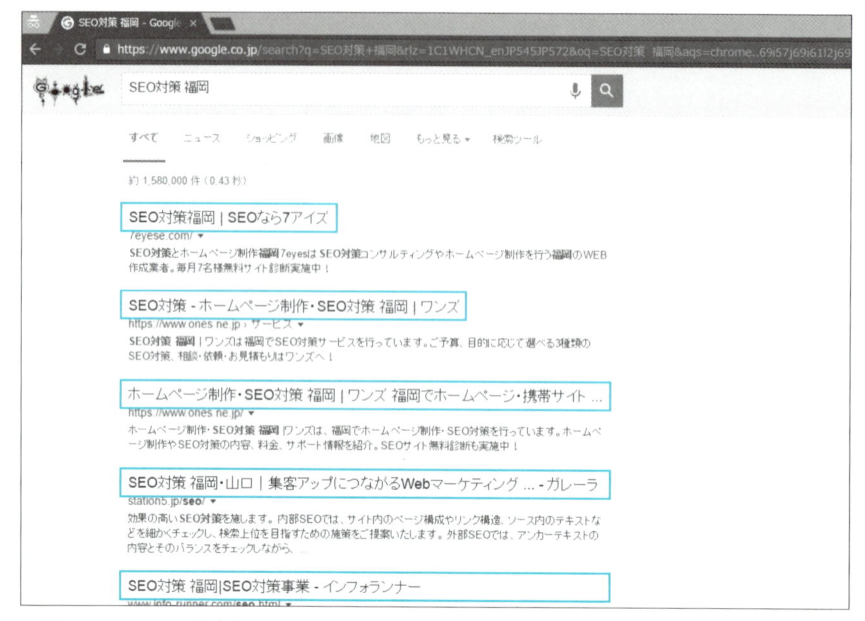

▲図2-1-2　PCでの検索表示

また一時期、スマートフォンでの検索と同じデザインに変化した時期もあり、検索表示において、現況、テストを繰り返しているようです。なかでも最も大きな変動としては、検索結果において、titleタグが別のものに置き換えられるということです。従来は、title内部に記述した内容が表示されるのに対し、意図しない別の記述を検索エンジンが拾い上げ、検索結果に表示されることもあるため、大きく次のような注意が必要となりました。

- **的確に表現したWebページの説明（Webサイト全体も含む）**
- **明解で短く表現されている**
- **検索クエリとの関係性**

これにより、検索エンジンにも理解させやすく、(完全には難しいかもしれませんが) 意図した検索結果となるよう制御することができるのです。

簡潔に上位表示させたいキーワードを先に記述する

検索した際に、ユーザーが何を判断にクリックするかを考えた際、一般的にtitle(タイトル) で判断することが多いようです。3位よりは2位、2位よりは1位と、より上位表示できていることも重要ではあるのですが、タイトルが検索したキーワードと同じであれば、目的のWebサイトと判断しクリックされやすくなります。同時に、検索エンジンにも理解しやすいため、自ずと上位表示しやすくなります。

例えば、「SEO対策　福岡」で上位表示させたい場合、まずはそのキーワードを真っ先に記述しましょう。

```
<title>SEO対策福岡・・・</title>
```

ここで重要なのは、完全一致です。

ハミングバードアップデートの影響もあり、検索エンジンは同義語なども少しずつ認識できるようになりましたが、それでもなお、まだまだその技術力が完全とは言えないのが現状です。

また、前述の例のようにストレートに表現することで、検索エンジンは何について書いてあるページなのかを判断しやすくなります。

ちなみに、「福岡　SEO対策」で上位表示を狙うならば、

```
<title>福岡SEO対策・・・</title>
```

となります。

さらに、コンテンツを充実させていくことで、「SEO対策　福岡」、「福岡SEO対策」のどちらに対しても上位表示できるようになりますが、同じ量と質ならば、検索通りの順番の方が上位表示されることとなります。

無用な“スペース”や“、”を使用しない

スマートフォンの台頭により、今ではPCだけの検索結果だけを意識すれば良いというものではなくなりました。なお、スマートフォン表示はPCと若干異なりますが、気を付けなければいけないのが、PCと同様、title記述が省略されるということです。また、PCと比較すると、PC以上に省略されやすいのが特徴です。

スマホで実際に様々なクエリを検索してみると、15～20文字程度でも切られているパターンもあります。かなり短いtitleにも関わらず、ほとんど省略されてしまうと、クリック率に支障をきたすおそれがあるため、それを避けるための施策が重要です。

その悪い例を、いくつかお見せしましょう。

悪い例

①「スペース」

```
<title>福岡のSEO対策　ならセブンアイズ</title>
```

このようにスペースを途中に入れてしまうと、検索結果によっては「ならセブンアイズ」以降が省略されるという場合もあります。実際5回試してみたところ、うち3回は省略されることとなりました。

このように、スマホの場合、途中に無用なスペースを設けることは、省略を引き起こす要因のひとつであると診ているため注意が必要です。

②「、(句読点)」

「福岡のSEO対策、ならセブンアイズ」

このように表記してしまうと、「ならセブンアイズ」が省略される場合があります。その為、このように不要な「、や。(などの句読点)」を使用することはおすすめできません。

③その他、「!」や「★」

このような見栄えを整える装飾は、titleを省略させる継ぎ目とみなされることもあるようです。そのため、あまりおすすめできません。

titleは24文字以内に収める

様々な検索を見る中で、titleタグは24文字以内ならば、スマホでは問題なく全て表示される傾向が強いようです(ただし、前提として、前述のスペースや句読点などには最低限注意してください)。

そのため、キーワードを組み込みながら簡潔なtitleを記述することを心掛けましょう。ちなみにPCでは、30文字を少し超えたあたりから表示されなくなります。この事情にも鑑みて、24文字程度を目安に記述することをおすすめします。

▼例.「SEO対策　福岡」で狙ったtitle…会社名または屋号がセブンアイズの場合

```
<title>SEO対策福岡 | SEOのセブンアイズ</title>
```

※ページタイトル|サイトタイトル

1 2 3 4 5 6 7 8 9 10 11 12 13 14 15 16 17 18 …と18文字を使用(|を含む)

ここで、titleの文字数を節約する方法として、会社名が比較的長いという場合は、略称表記もおすすめです。

例えば、「福岡情報サービス」という会社名ならば、「fis」などですね。

descriptionやコンテンツ内部で記述すれば、検索にも引っかかります(後ほど、詳しく説明します)。

その他、悪い例として、

```
<title>SEO対策を福岡県で行います | SEOのセブンアイズ</title>
```

このように、titleに「◯◯で行います」というような、冗長表現や余計な文言は入れないようにしましょう。そもそも、「行います」という検索を行う方は滅多にいませんし、その必要性も感じません。

重要語句のみ2回使用する

例えば、「SEO対策　福岡」で上位表示を狙う場合、このキーワードを細分化すると、「SEO」、「対策」、「福岡」と3つの語句に分けることができます。

この中で、最重要語句とされる言葉を1つ選定し、再度使用します。

```
<title>SEO対策福岡 | SEOのセブンアイズ</title>
```

これは、「SEO」を2回用いた例です。

逆に、これ以上のキーワードを使用することは、過度な施策ととらえられ、ペナルティを受ける可能性もあります。

全てのWebページをオリジナルなtitleとする

同じWebサイト内部の他のWebページとは、もちろん相互間としての関係性はありますが、それぞれが独立したページであるべきです。原則、異なる内容であるからこそ、別ページとなっています。つまり、それぞれのページtitleは、その他のページtitleと同じであってはいけないのです。

ちなみに、異なるページで同じtitleを記述すると、Googleからの指摘を受けることとなります。

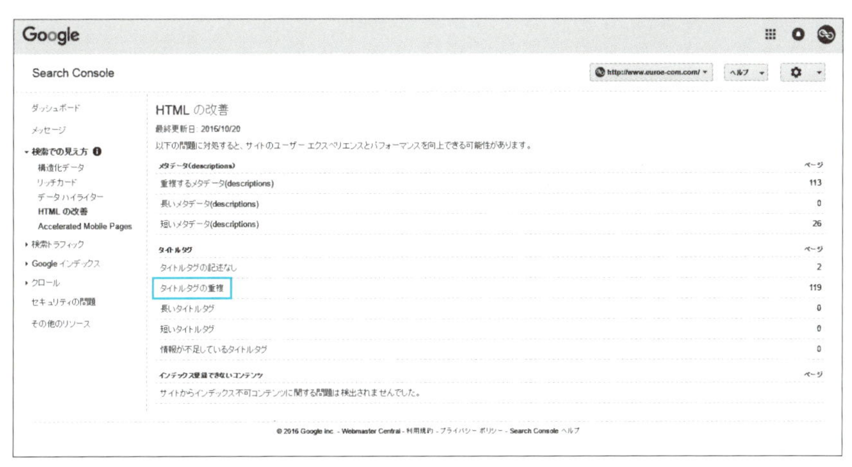

▲図2-1-3　HTMLの改善

また、Google Serch Console内では、「タイトルタグ重複」の他、「長いタイトルタグ」などの指摘を受ける場合もありますので、小まめにチェックしていくようにしましょう。

コンテンツに関係のないtitleは使用しない

titleとは、Webページを表した表札のようなものです。ですから、ページの内容と無関係なtitleが使用されているのは不自然です。
具体的には、titleに「SEO」や「対策」を用いるのであれば、コンテンツ内部に、これらのキーワードがどこかに入っているべきです。このように、きちんとコンテンツをチェックの上でtitleを決定するようにしましょう。

近接度を意識する

「簡潔に上位表示させたいキーワードを先に記述する」とも重複しますが、複合キーワードで、例えば「福岡　SEO対策」で狙う場合は、2つのキーワードである「福岡」と「SEO対策」の間には何も入れない方が効果的です。

このように、キーワード間の近さを、近接度と言います。

良い例

```
<title>福岡SEO対策 | ・・・・・・・・・・</title>
```

悪い例

```
<title>福岡でのホームページ制作やSEO対策 | ・・・・・・・・・・</title>
```

このように、狙うキーワードどうしをできるだけ近づけられるように、文言を工夫するようにしましょう。

Webサイト全体としての枠と軸をつくる

図2-1-4は、「SEO対策　佐賀」で検索した際の例です。

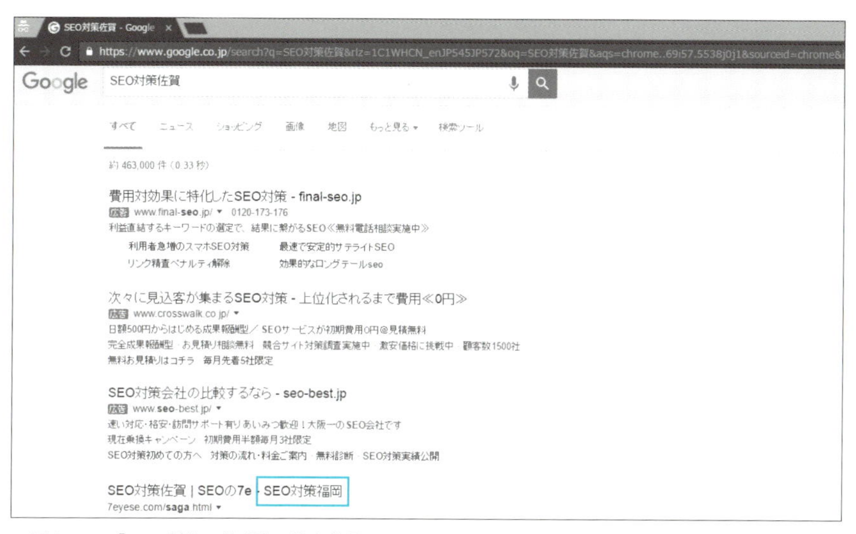

▲図2-1-4 「SEO対策　佐賀」の検索結果

表示上でのtitle部分は、「SEO対策佐賀 | SEOの7e-SEO対策福岡」となっています。しかし、実際のtitle記述は、

```
<title>SEO対策佐賀 | SEOの7e</title>
```

こうなっています。

このように、Webサイトによっては、

Webサイト全体としてのtitleを総称する語句が任意で表示される

ようになりました。これは、Googleの独自の判断でサイトタイトルを表現しているものと思われます。

ここで、末端のWebページそれぞれを活かす上で、Webサイト全体としての幹や枠が必要となります。

例としてのWebサイトは、全体として、トップページ（index.html）の「SEO対策　福岡」を上位表示させるページを中心として、全てのページが「SEO対策」に関わる内容のページで構成されています。加えて、本社所在地としての「福岡」などを殆どのページに加えた結果、Webサイト全体の総称が「SEO対策福岡」となったと考察しています。

結果、「SEO対策福岡」という表記がtitle上に加えられたと診ています。Googleからの評価を得て、サイト全体としての軸やテーマ（枠）が確立された証でもあるのです。

逆に、大枠としての範囲を決定したら、その枠内ですそ野を広げること、そして専門性を高めることや、深堀することが大切だと考えています。これにより、オーソリティサイトの地位を確立することができるのです。

Summary まとめ

これまで述べてきたように、

①的確に表現する

②短くまとめる

③検索クエリとの関係性を意識する

という3つの事項が、title記述の際には重要です。

2-2 理想的なdescription(=スニペット)の付け方

クリック効果を高めるために重要なページの説明文

descriptionの目的

スニペット（description）を記述する主な目的は、「ページの概要説明」です。ユーザーが検索したキーワードが、descriptionの記述に含まれていた場合、その該当キーワードは太字となるため、検索目的と合致する内容のWebサイトであると判断し、クリック率に好影響を与えます。
（検索クエリと合致しない場合、まれにコンテンツ内部の意図しない部分が抽出され、表示する場合もあります）。

▲図2-2-1　検索結果の例 - スニペット

そのため、ユーザー動向を意識し、必ず狙う検索キーワードを入れるようにしましょう。

▼descriptionの書き方

```
<meta name="description" content="Webページの説明・要約文">
```

明確な情報を組み入れる

Web全体として観察すると、殆どが文章形式となっていますが、実は文章形式である必要性はありません。ページの内容をひとめで理解できるように重要語句をまとめていれば良いのです。

例えば、今回の書籍をPRするWebページのスニペット（description）を作成する場合、次のように記述しても問題ありません。

参照URL:
https://support.google.com/webmasters/answer/35624?hl=ja&vid=0-1186681257444-1476691138022

```
<meta name="description" content="分類：書籍，タイトル：
SEO内部対策の極意，著者：瀧内賢，出版社：秀和システム，価格：2300 円，
ページ数：239 ページ，内部：上位表示の為の具体的施策満載">
```

このように、端的にコンテンツの内容を抜粋したものを列記しても問題はないのです。

ただし、無味乾燥なものにならないよう、またクリック率を上げることを念頭に、ページ内で特にアピールしたい情報をしっかりを組み入れるようにしましょう。

例えば、

①商品購入メリット(左記の場合は書籍)
②特徴は?
③価格

といった具体的内容を抜粋して、きちんと記述してください。

descriptionはスマートフォンでの文字数も意識する

meta要素であるdescriptionは、PCから検索した際の検索結果において、110～120文字程度表示されますが、スマートフォンでは、一般的に50～60文字程度が表示されるようです(2012年の内部対策の教科書発刊時と大きく異なる点として、スマートフォンを意識した記述が重要だということです)。

この条件から、対策すべきこととしては、スマートフォンでもきちんとPRできるよう、途中で切れる前に次の2点を意識することが大切です。

①狙うキーワードを50文字よりも以前に使用する
②全体として、MAX110文字程度とする

複数ページで同じ記述をしない

titleと同様、ページ毎に意味があって分かれていますので、同じ記述があることは不自然なことです。そのため、ページ毎に異なる記述をしましょう。もしも他のページと同じ記述を行った場合、Googleからの指摘を受けてしまうこととなります。

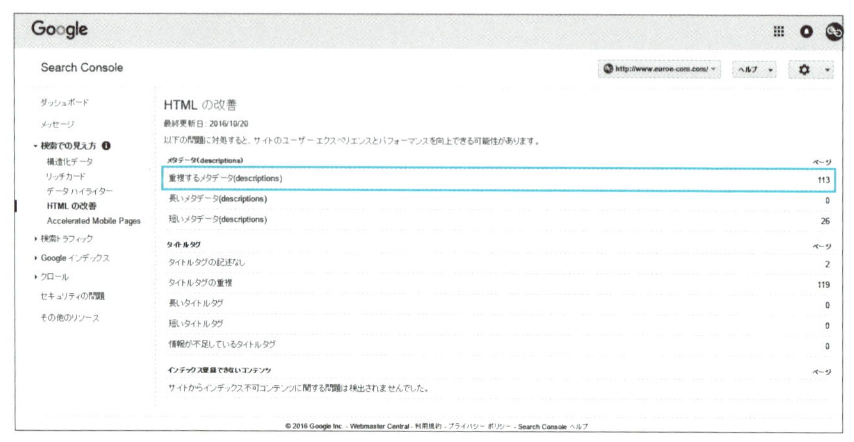

▲図2-2-2　重複するメタデータ(description)

コンテンツ内容をそのままコピペしない

コンテンツ内容のどこかの文章を、コピー&ペーストしてしまうのはNGです。

そもそも、descriptionはコンテンツの内容を要約したものであるため、コンテンツを明解にまとめたものでなくてはいけません。

逆に、コンテンツ内部に書かれていないことを記述することもご法度です。整合性が保てるよう、コンテンツを記述した後に、そこから抜粋して記述する方法がおすすめです。

過剰にキーワードを埋め込まない

検索キーワードを記述すると、太文字で目立つことから、多数の同じキーワードを使用しているWebページを見かけることもありますが、多く詰め込み過ぎると、不自然なスニペットとなりますので、最大でも2個にとどめておきましょう。

クリック率を高めるためには

可能ならば、「30%OFF」などの具体的な数字を入れると目を引くため、クリック率(CTR)に好影響を与える可能性があります。順位では負けていても、コンバージョン率で勝る結果となることも十分ありえます。

記述をモバイルに合わせる

2016年10月、「モバイル　ファースト　インデックス」を導入予定と、Googleからの発表がありました。前述と重複しますが、今後の検索市場も、モバイルが主となる可能性が高いと予想しています。titleも含め、モバイルファーストを意識した記述を心掛けることが重要です。「descriptionはスマートフォンでの文字数も意識する」とも重複しますが、

伝えたいことを50文字以内で表現する努力が必要です。

文字は80～110文字を目安に

PCにおいても省略されることがないように、最大110文字を目途にして記述することが重要です。短すぎても長すぎても、Google Search Consoleにて警告を受けることとなります。そのため、80～110文字に調整しましょう。

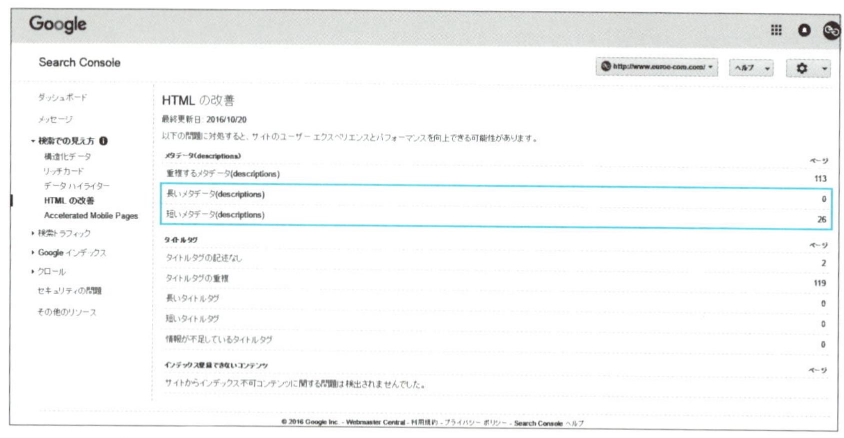

▲図2-2-3　短いメタデータ・長いメタデータの指摘を受けた例

新しい傾向とは

多くの専門家の中には、「description」はSEO要素に関わっていないと発言する方も多くいるようです。ただ、筆者はこれに異議を唱えます。むしろ、SEOのランキング要素に大きくかかわっている可能性があるくらいです。

例をお見せしましょう。

例えば、

```
<title>マンスリーマンション博多 | ROOM INN</title>
<metaname="description" content="マンスリーマンションを福岡市博多区でお探しの方は、福岡市のROOM INへ！中心街から徒歩圏内の駅近物件が多く室内環境も充実！お仕事や観光・旅行で是非！" />
```

このように書いているはずの記述のtitle部分が、図2-2-4のように表示されました。

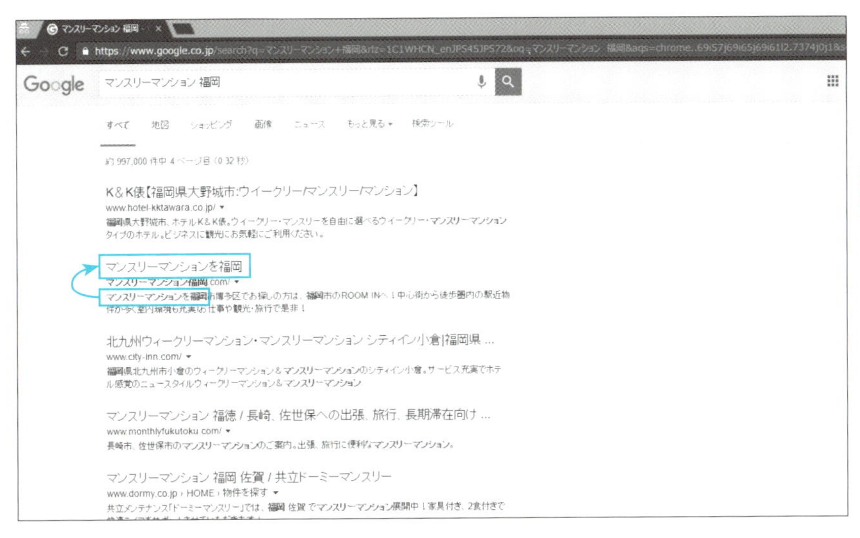

▲図2-2-4　description部分がtitleとして表示された例

このように、description部分の一部がtitleとして用いられています。titleにかかわっているからこそ、非常に重要とも言えるのです。

このような観点から、より強調したい場合はスマートフォンでも表示される範囲内に、語順にも考慮した記述をおすすめします。

なお、先ほどの場合は、「マンスリーマンション　福岡」で上位表示を狙うならば、「マンスリーマンション」を先に記述すべきです。

福岡のマンスリーマンションならば・・・

ではなく

マンスリーマンションを福岡・・・

と、順序にも配慮した記述を心掛けましょう。

なお、「マンスリーマンション　福岡」以外に、同ページで「ウィークリーマンション　福岡」を狙うならば、無理やりtitleに入れ込んで長くなるよりは、description記述に「ウィークリーマンションを福岡・・・」と記述することも検討するようにしてください。

Summary まとめ

これまで述べてきたように、

①アピールポイントを的確に表現する

②スマホやPC表示を意識してまとめる

③検索クエリとの関係性を意識する

という3つの事項が、description記述の際には重要です。

2-3 h1タグの効果的活用方法

HTML5以降、意味合いが少し変化してきている

h1の複数使用は可能なのか

h1は見出しの中でも、大見出しを意味します。W3CのWebサイト内にあるHTML5の解説において、文法上、h1タグの個数制限を行っていないことも発表しています。またGoogleからも、複数使用したことによる順位への影響はなく、必要であるならば使用可能であることを示唆しています。

ただ、コンテンツ内部においてh1だらけとなってしまった場合、きちんと階層構造を明示しなければ、どのh1がメインとなる大見出しかがわからなくなるおそれもあるのです。

つまり、複数のh1(=大見出し)がある場合、検索エンジンが迷わないように配慮した事前策が必要となります。そこで、まずは複数個使用する際の留意点を解説します。

h1を複数個使用する際は、囲まれた部分が1つの意味的なかたまりであることを示すsectionタグを用いて、セクション分けを行い次のように記述します。

```
<body>
        <h1>果物について</h1>
        <p>果物とは・・・</p>
        <section>
                <h1>りんご</h1>
                <p>りんごとは・・・</p>
                <section>
                        <h1>りんごの種類</h1>
                        <p>りんごの種類を分けると・・・</p>
                </section>
        </section>
        <section>
                <h1>みかん</h1>
                <p>みかんとは・・・</p>
        </section>
</body>
```

ポイントとして、sectionタグを用いることで、コンテンツの階層構造を明示することができますし、検索エンジンもその構造をより深く理解することができます。

この前提条件を理解せず、ただ単にh1を複数回使用できると思い込んでいる方は非常に多いように思います。
しかし実際には、

sectionタグでセクション分けを行う

という前提条件が抜け落ちているのです。

セクション分けも行わずに、大見出しであるh1が、h2やh3よりもSEO効果があるからと乱用しては、文章構造そのものが崩れてしまうのです。これにより、検索エンジンが誤って解釈してしまう危険性もあります。

ちなみに筆者は、sectionタグを併用する手間もあることから、従来通りに

1つのページに、1つのh1を使用する

ことが最適と考えます。最も重要なのは、ユーザーに対し適切にページ内容を伝えることです。その観点からも、ページのテーマとなる大見出し(h1)が複数あることに疑問が残ります。

キーワードを用いて簡潔に記述する

見出しであることから、改行を伴うほど長い記述は不自然です。キーワードを用いて簡潔に表現しましょう。

ここで、「SEO対策　福岡」で狙った良い例と悪い例をお見せしましょう。

良い例

```
<h1>SEO対策なら福岡市中央区のセブンアイズ</h1>
```

悪い例

```
<h1>SEO対策でお困りの方ならば福岡市中央区のセブンアイズが早期解決しますので、お気軽にご用命下さい。</h1>
```

悪い例では、改行をともなうほどの長さとなっていますね。冗長表現は避けるようにしましょう。

titleと同じにしない

titleはWebページの顔であり、玄関の外にある表札のように外から見た際の名前です。前節で説明したように、最も検索エンジンを意識しなければいけません。

対して、h1は主に、クリック後にページを見る人間（ユーザー）向けのものです。何について書いてあるページなのかがすぐに理解できる内容にしましょう。

例えば、狙うキーワードを用いながら、titleをもう少し詳しく言いなおした内容にすることがベストです。

▼titleとh1の比較例

```
<title>SEO対策福岡 | SEOならセブンアイズ</title>

<h1>SEO対策なら福岡市中央区のセブンアイズ</h1>
```

titleは主に検索エンジンを意識し、h1はユーザーを意識することが大切です。

なお、titleとは異なり、区切りの「|」は使用しません。

画像にしない

h1は大見出しで、body（コンテンツ内）の中ではSEO上、最も重要なタグです。ここで、現段階での検索エンジンの技術力に鑑み、画像よりもテキストの方が理解しやすいことに留意して使用しなければいけません。「左上にロゴを設置する」というページをよく見かけますが、ロゴを表現する際にh1を用いるのは、大変勿体ない使い方です。

▼良い例

```
<h1>○○○○とテキストで書いていきます・・・・・・・・・・</h1>
```

▼悪い例

```
<h1><img src="images/logo.png" width="524" height="52"
 alt="会社ロゴ"></h1>
```

しかも、ロゴはWebサイト内の全ページにあると思いますが、そう考えたときに全てのページのロゴに同じaltを付けざるを無いと思います。これはとても勿体ない使い方です。ページを開いたときのタイトルが大見出しであるh1となるため、titleと同様、全ページ異なる記述にしなければいけません。

pタグとセットで使用する

hxタグは全て見出しです。つまり、

次に続くコンテンツの内容を一言で表したタイトル・テーマ

なのです。

このように考えたときに、見出しだけ記述されていて、次に続く内容（文章）がないのはとても不自然です。

そのため、

h1＋pのセットで使用する

ようにしましょう。

ちなみに、h1はページを開いた以降、そのページ内部全体を表すタイトルとなります。その観点から、ページを表すタイトルが何もないのはとても不自然ですから、必ず使用するようにしてください。

◐文字情報のあるタグの中で、1番最初に配置する

大見出しであることから、コンテンツの内容が始まる最初に記述すべきです。

▼良い例

```
<body>
・・・・・・・
<h1>最初の文字情報は、h1を用います</h1>
<p>次にpタグを用いて、h1のリード文を記述します</p>
```

悪い例

```
<body>
・・・・・・・・
<p>このように、最初の文字情報をpタグで表現してはいけません</p>
<h1>大見出しに対する越権行為です</h1>
```


Summary まとめ

これまで述べてきたように、

①文章構造に準じて使用する

②キーワードを用いてテキストで簡潔に記述する（title≠h1）

③pタグとセットで用いる

という3つの事項が、h1記述の際には重要です。

2-4 h2以降の見出しタグにおける効果的活用方法

h2やh3などのSEO効果を最大限に引き出す

見出しタグはh1～h6まである

前節で、大見出しであるh1の説明を行いましたが、見出しタグについては、h2～h6までのあわせて6種類があります。そして、SEO的な重要度としては、hxのx部分が小さいほど効果があります。

▼期待されるSEO効果

h1>h2>h3>h4>h5>h6

なお、前節でも少し触れましたが、階層構造を正しく設定することで、検索エンジンの理解度を上げることができ、結果としてSEO効果をより期待することができます。逆に、設定方法が良くないと、検索エンジンからの評価を下げることになります。

階層構造を正しく設定する他の理由

前節では、階層構造を正しく設定することについて、SEO上の視点から説明しましたが、実はユーザーに対しても理に適っています。Webページを閲覧する際、知りたい情報をできるだけ早く得る、つまり目的地に早く到着できることが重要です。

そしてこれが、

ディスティネーションファースト

という考え方です。

特に、狭い画面のスマートフォンで、ユーザーにとって必要なのは何かを考えて追求すると、何よりも「情報」だということを理解できると思います。

Webデザインの煌びやかさを押し出すよりも、欲する情報へ最短でたどり着くという前提で考えると、必要な情報だけを拾い読みできるような構造がベストなのです。これが階層構造を正しく設定する理由であり、結果、ユーザーの利便性にもつながるのです。加えて、SEOにも良い効果をもたらします。

それでは、ここから実際の記述について説明していきましょう。

キーワードを細分化し、2キーワードを含める

例えば、「SEO対策　福岡」で上位表示を狙う場合、キーワードを細分化すると「SEO」、「対策」、「福岡」に分けることができます。

このうち、最優先したいキーワードを2つ選定します。「SEO」と「対策」を選定したとするならば、次のようにしましょう。

HTMLのソースコード例

```
<h1>SEO対策は福岡の・・・・・・</h1>
<p>・・・・・・・・・・・・・</p>
<h2> SEO対策で・・・・・・・</h2>
<p>・・・・・・・・・・・・・ </p>
```

これは入れ子、つまり構造を細分化させるうえでも理に適っています。「SEO」+「対策」+「福岡」という大枠について書いたコンテンツから、さらに掘り下げて、h2タグでは「SEO」+「対策」という、h1よりも小さな枠へと細分化されてます。視覚的に表すと、次の図のようになります。

福岡県（h2）
福岡
佐賀
大分
長崎
熊本
宮崎
鹿児島
九州（h1）
見出しタグ（h1 や h2 など）は、地理的な関係で表現することができます。例えば、「福岡県」は九州地方の中に含まれています。逆に、福岡県の中に、九州地方を含めることはできません。同様に、鹿児島県や熊本県なども h2 に該当します。このように、h1 と h2 は、h1 が h2 を含む関係性で成り立っています。

▲図2-4-1　h1とh2の関係図（包含関係）

pタグとセットで用いる

見出しとその内容を表す段落のpタグを、セットで使用するようにしましょう。

▼良い例

```
<h2>・・・・・・・・・・・・・</h2>
<p>・・・・・・・・・・・・・・</p>
<h3>・・・・・・・・・・・・・</h3>
<p>・・・・・・・・・・・・・・</p>
```

▼悪い例

```
<h2>・・・・・・・・・・・・・</h2>
<h3>・・・・・・・・・・・・・</h3>
<p>・・・・・・・・・・・・・・</p>
```

悪い例には、h2の下にpタグがありません。

使用する順番を考え、入れ子にする

図2-4-2のように、h1の中（下）にh2、またh2の中（下）にh3を配置させます。

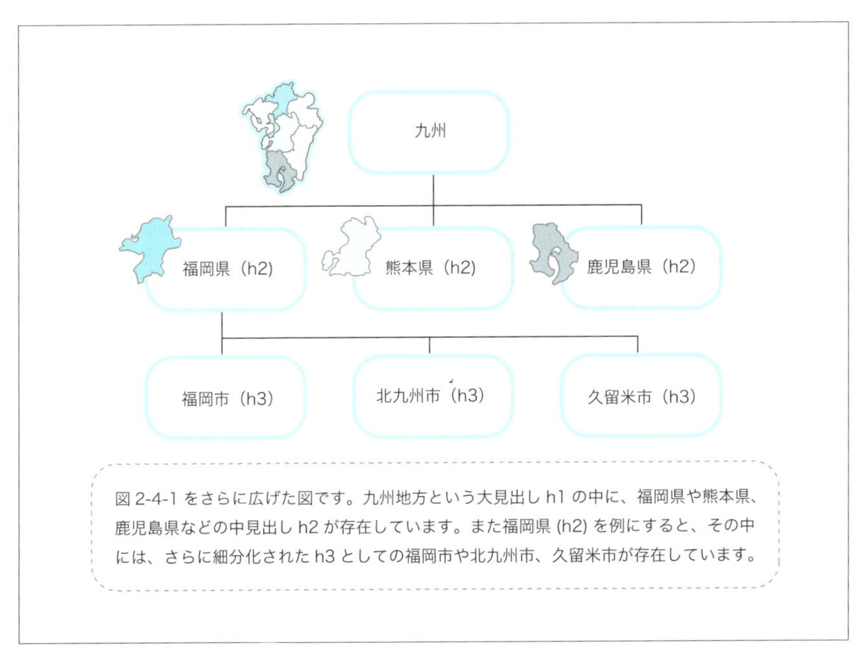
九州
福岡県（h2）
熊本県（h2）
鹿児島県（h2）
福岡市（h3）
北九州市（h3）
久留米市（h3）
図2-4-1をさらに広げた図です。九州地方という大見出しh1の中に、福岡県や熊本県、鹿児島県などの中見出しh2が存在しています。また福岡県(h2)を例にすると、その中には、さらに細分化されたh3としての福岡市や北九州市、久留米市が存在しています。

▲図2-4-2　hxタグの構造図例

▼良い例

```
<h1>○○○○・・・・</h1>
<p>・・・・・・・・・</p>
<h2>△△△・・・・・・</h2>
<p>・・・・・・・・</p>
```

▼悪い例

```
<h2>○○○○・・・・</h2>
<p>・・・・・・・・・</p>
<h1>△△△・・・・・・</h1>
<p>・・・・・・・・</p>
```

悪い例の方は、h2の入れ子としてh1を使用しており、構造的に間違っています。

見出しをリストと混同しない

▼悪い例

```
  <h2>サービスの内容</h2>
<p>・・・・・・・・・・</p>
      <h3>1. コンテンツSEO</h3>
      <h3>2. 被リンク</h3>
     <h3>3. コンサルティング</h3>
```

この場合、h2の下に入れ子としてh3が使用されていますが、h2の内容をh3という見出しでリスト化を表しています。ちなみに、h3は、見出しに続くpタグ（文章）が無いのは不自然です。
これは、次のように修正しましょう。

良い例

```
<h2>サービスの内容</h2>
<p>・・・・・・・・・・</p>
        <ol>
<li>コンテンツSEO</li>
        <li>被リンク</li>
      <li>コンサルティング</li>
      </ol>
```

なお、見出しタグはh1〜h6まであると説明しましたが、全て使用する必要はありません。目安として、h3やh4位で留めておき、それ以上の内容となり深堀する場合は、次の階層ページで再度h1から始めるようにしましょう。

titleやh1等の見出しと重ならないようにする

それぞれが意味をなして使用されている以上、また、見出し同士で入れ子となる関係上、同じ文言ではいけません。

title ≠ h1 ≠ h2 ≠ h3 ≠ h4

画像にはせず、簡潔な文言にする

h1と同様に、画像で用いると見出しとしてのSEO効果を完全に活かしきれません。また見出しである以上、冗長な表現は避け、簡潔に記述すべきです。

Summary まとめ

これまで述べてきたように、

①文章構造に準じて使用する

②キーワードを用いてテキストで簡潔に記述する

(title≠h1≠h2≠h3≠h4)

③pタグとセットで用いる

という3つの事項が、h2〜h6記述の際には重要です。

2-5 テキストの評価を最大限に引き出すために

テキストを適切に使用するためにすべきこと

小さすぎる文字はNG

デザイン性を重視するあまり、文字を不要に小さくしてしまう方がいますが、小さすぎる文字は閲覧者側からすると、とても見ずらいものです。

特にモバイルブラウザのフォントサイズについては、

16CSSピクセルの基本フォントサイズを、Googleが推奨しています。

また、行間のデフォルトは1.2emです。

まずは、この基本フォントを念頭において、PC版も同様、Web制作にあたるようにしましょう。

なお、推奨基準に準拠していたとしても、特定フォントの場合、調整が必要となることもあるため、目でもきちんと確認するようにしてください。

背景色との文字色のバランス

背景色に近い文字色だと見づらいため、文字の大きさ同様、ユーザー目線ではNGです。このようにユーザー目線で悪影響となる場合、SEO的にも悪い影響を受ける可能性が高くなります。必ず、カラーコードの種類や、実際に目でも確認して、背景色と近すぎていないかを確認しましょう。

適度に段落分けを行う

見出しタグにおいては、簡潔に記述することをこれまで説明してきましたが、その他のタグについても、できるだけ見やすいように工夫しなければいけません。

特に、p（段落）タグにおいては、文節をきちんと区切ってあげることで、閲覧者が見やすくなるばかりでなく、検索エンジンにも理解しやすいものとなります。

やたらと改行しない

見栄えにこだわるあまりに、改行のbrタグを多く使用しているWebサイトを見かけることがあります。そして、ここでbrタグを多く用いると、HTMLがごちゃごちゃします。さらに言うと、余計なファイルサイズが増えることにもなります。

ですから、必要な場合のみ改行タグを用いて、それ以外はCSS側で調整するようにしましょう。

文字間にスペースをつくらない

検索エンジンは、スペースのある続き文字を正しく理解することが苦手です。だから、デザイン的な理由で文字間にスペースを挿入する際に、ただ単にスペースキーで対応すると、言葉としてではなく単体の文字として処理される可能性が高くなります。

例えば、「S　E　O　対　策」とスペースキーで調整するのではなく、文字間隔を空ける場合は、CSSのletter-spacingプロパティで調整しましょう。

▼悪い例

```
HTML側：　<p>S E O 対　策</p>
```

▼良い例

```
HTML側：　<p class="sample" >SEO対策</p>
CSS側：　.sample {
  letter-spacing: 10px;
}
```


Summary まとめ

これまで述べてきたように、

①文字を小さくしすぎない

②背景色と文字の色を区別できるようにする

③CSS側で文字調整する

という3つの事項が、テキスト記述の際には重要です。

2-6 imgタグの正しい使い方

Googleのガイドラインにそった適切な使い方とは

画像を用いてユーザーの利便性を図る

Googleの検索技術は、年々上がってきています。以前は、「テキスト」でなければなかなか評価を得にくい時代もありました。しかし現在は、画像に対する評価基準が各段に上っており、Googleのガイドラインにそって適切に画像を使用することで、テキストのみのページよりも、Googleからの評価を得やすくなったという印象です。

適切に画像を利用することで、閲覧者の利便性も向上します。なぜならば、テキストだけのWebページは、アイキャッチとしての画像がなく、見る側も文字だけで理解していかなければいけないため、訴求力に欠け面白味のない内容となってしまうおそれもあるからです。
しかし同時に、Googleの技術力に鑑み、上位表示させたい重要なキーワードにおいては、

画像ではなくテキストで表現するのが鉄則です。

技術力が上った今でも、検索エンジンは画像よりもテキストの方がはるかに理解しやすいことから、SEO効果を得やすいのです。

そのため、画像を使用するうえでのポイントは、重要キーワードを引き立てる役割で使うということになります。

加えて、画像に関する情報をGoogleにわかりやすく伝える工夫が必要です。その施策を具体的に示していきます。

画像のファイル名はイメージしやすい名前にする

例えば、猫の画像で拡張子がJPGならば、その画像のファイル名は「cat.jpg」がベストです。これを、1358desu.jpgのように、画像が連想しづらい名前にはしないようにしましょう。

このファイル名（=画像名）も、実はSEOに関わっています。また、画像をより具体的に連想しやすくするために、一般名詞である名前よりも画像を表す、より具体的な名前の方が理想的です。

▼猫であることだけを表した場合の画像ファイル名

cat.jpg（拡張子がJPGの場合）

▼小さな猫であることを表した場合の画像ファイル名

little-cat.jpg（拡張子がJPGの場合）

※“-”の前後で2ワードで認識されるため、“_（アンダーバー）”よりも有効です。また、htmlファイルなども考慮すべきです。

このように、画像内の情報として「小さな猫」を表現したいのであれば、具体的なファイル名がベストです。

なお、ファイル名は複雑すぎてもNGとなりますので、「-」を用いる場合は1回限りにしておきましょう。

altの正しい使用方法

alt属性とは、画像の代替テキストであり、なんらかの不具合により画像が表示されない際に、画像情報としてalt内に記述した内容が表示されます。加えて、画像検索でも有効となるため、alt属性内部に、画像の内容を正しく記述することが重要となります。

▼子猫の画像におけるalt属性のソースコード例

①悪い例

```
<img src="cat.jpg" alt="">
```

②普通の例

```
<img src="cat.jpg" alt="子猫">
```

③良い例

```
<img src="cat.jpg" alt="餌を食べている子猫">
```

①の悪い例については、装飾的に使う画像である場合に限り、空文の「""」でも大丈夫です。ただ本来、装飾目的で使用するならば、HTML側ではなくCSS側で、背景画像として用いることが適切です。

つまり、HTML側でimgとして用いるのではなく、CSS側でbackground-imageとして使用すべきなのです。

②については、あまりにも抽象的すぎます。「子猫」だけでの説明では、星の数程存在する「子猫」のことを指してしまいます。どういう姿なのかがイメージできません。そのため、可もなく不可もなくという記述となります。

③のように、具体的に記述することがベストです。
これにより、画像が見えなくなった場合でも、代替テキストでその内容をイメージすることができます。

なお、alt内部に記述することでSEO効果を期待することができるのですが、これを逆手に取って、「子猫」で上位表示させたいからと「alt=" 子猫　子猫　子猫・・・"」とキーワードを無理やり埋め込むと、ペナルティとなる可能性があるため注意が必要です。

画像サイズを記述する

画像のサイズをきちんと記述することで、ブラウザが画像サイズ（画像の縦と横の長さ）を予め認識することができます。これにより、読み込み時間の短縮につながるのです。

SEOの側面からも読み込み時間を短縮させることが良いと言われているので、次のようにサイズをきちんと記述するようにしましょう。

▼ソースコード例

```
<img src="cat.jpg" alt="餌を食べている子猫" width="250" height="150">
```

使用する画像の拡張子について

画像で使用できる拡張子は様々ですが、Googleのガイドラインによると、画像の用途によりいくつかに絞られます。

例えば、TIFFやBMPはブラウザによっては閲覧することができません。

どのような閲覧環境においても画像をきちんと見ることができることが望ましいため、この2つのファイル形式は使用そのものをおすすめできません。

残りとしては、JPG（JPEG）、PNG、GIFがありますが、この3つのファイル形式はいずれのブラウザにも対応しているため使用は可能です。

この3種類の中でも、Googleは、通常の画像においてはPNGやJPG（JPEG）を使用し、アニメーション画像のみはGIFを使用することを、ガイドラインで示しています。

キャプション（画像の説明）を利用する

画像の周辺にキャプションを付けることで、ユーザーはその内容を理解しやすくなります。

設置画像
画像の下にキャプション（設置した画像の簡単な説明）を付けることで、検索エンジンも画像の内容を理解しやすくなります。
キャプション ≒ 画像の説明

▲図2-6-1 猫が餌を食べているイラスト

▼ソースコード例（HTML5）

```
<figure>
＜img src="cat.jpg" alt="餌を食べている猫"width="xxx" height="
YYY"＞
<figcaption>猫は現在お食事中です</figcaption>
</figure>
```


このように、画像の上や下などに見出しや補足説明を付けると、SEOにも効果的となります。

画像を圧縮する

先ほど、読み込み時間について少し触れましたが、画像のファイルサイズを圧縮することでも表示速度を短縮させることができます。

最近では、PC以外にスマートフォンからの閲覧者が非常に増えているため、特にファイルサイズには気を遣うことが求められています。

なお、画像を圧縮するツールは様々ありますが、画像の品質を落とさないという前提で圧縮するようにしましょう。

▲図2-6-2　圧縮ツールの例
【参照URL】https://tinypng.com/

例えば、図2-6-2のサイトの「Drop your.png or .jpg files here!」に、圧縮する画像をドラッグ&ドロップするだけで生成することができます。

重要な画像はサイトマップに登録する

特に重要と考える画像については、sitemap.xml内部に画像情報を登録することで、画像のインデックスを促進させることができます。

▼sitemap.xml内部の記述例

```
<image:image>
<image:loc>画像の絶対パス</image:loc>
</image:image>
```

記述後は、サイトマップの送信を行い、検索エンジンにアピールするようにしましょう。

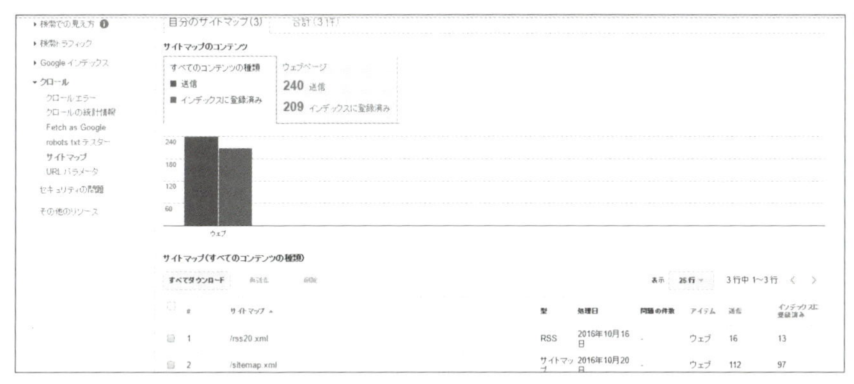

▲図2-6-3　サイトマップの送信

なお使用方法は、sitemap.xmlをアップロード後、「2 /sitemap.xml」などにチェックを入れて送信ボタンを押すだけです。

Summary まとめ

これまで述べてきたように、

①適切に検索エンジンにアピールする

②ファイルサイズを小さくする

③サイトマップに登録する

という3つの事項が、画像使用の際には重要です。

2-7 パンくずリストを作る

パンくずリストの正しい使い方とは

パンくずリストとは何か

パンくずリストは、ユーザーがWebサイト内のどの階層・カテゴリ・位置にいるかということをわかりやすく明示したものです。これにより閲覧ユーザーは、どのページを読んでいるのかを、ひと目で理解することができます。加えて、カテゴリトップや、カテゴリコンテンツの閲覧など、関連するページへの行き来も即座に可能です。

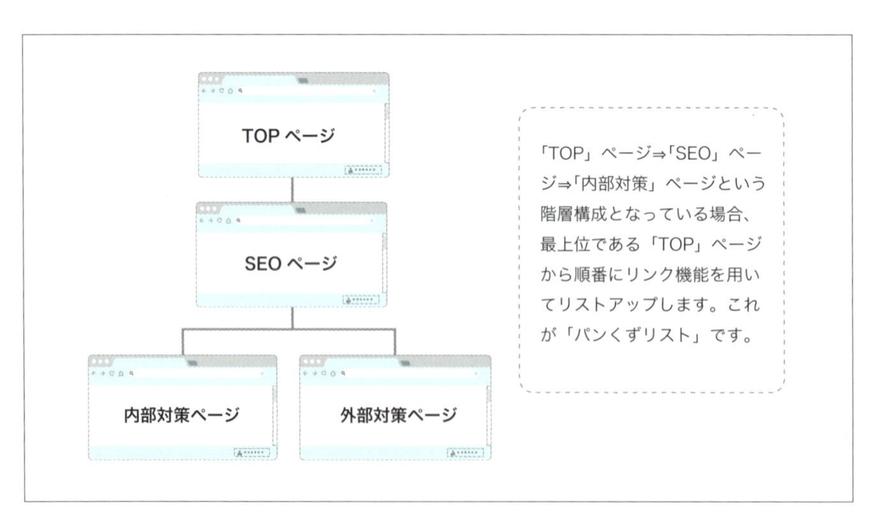

TOP ページ
SEO ページ
内部対策ページ
外部対策ページ
「TOP」ページ⇒「SEO」ページ⇒「内部対策」ページという階層構成となっている場合、最上位である「TOP」ページから順番にリンク機能を用いてリストアップします。これが「パンくずリスト」です。

▲図2-7-1　パンくずリストの例

閲覧者のみならずクローラにも好都合

パンくずリストは、閲覧者（人間）のみならず、クローラ巡回の手助けにもなります。これにより、Webサイト全体の構造を把握することができ、

Googleのデータベースに情報登録するなど、SEO上のメリットもあります。

パンくずリストの具体例

図2-7-2は、「トップページ」から「家電」階層へ、またその下の「冷蔵庫」、「テレビ」、「洗濯機」と、下層ページへと繋がっているリンク階層を表しています。

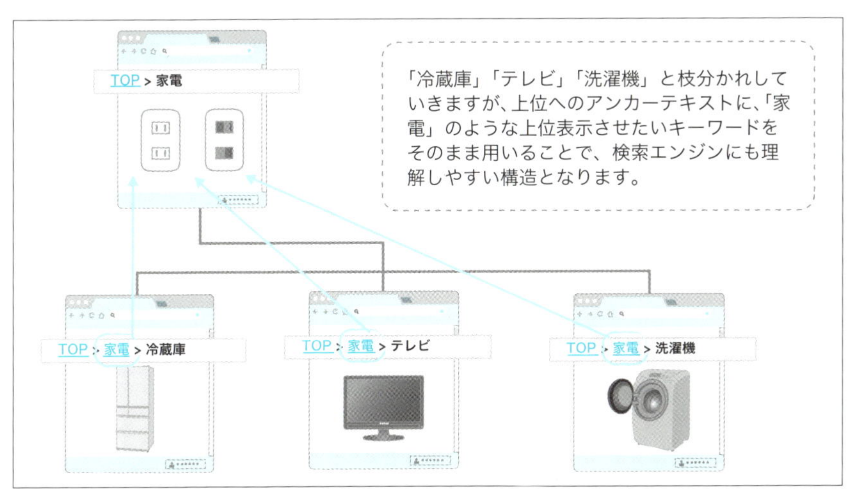
TOP > 家電
「冷蔵庫」「テレビ」「洗濯機」と枝分かれしていきますが、上位へのアンカーテキストに、「家電」のような上位表示させたいキーワードをそのまま用いることで、検索エンジンにも理解しやすい構造となります。
TOP > 家電 > 冷蔵庫
TOP > 家電 > テレビ
TOP > 家電 > 洗濯機

▲図2-7-2　ページの構造図

その際に、リンク形式であれば次のように、ulやolタグで記述すればリンク関係を検索エンジンが理解することができます。

```
<ul>
<li><a href="TOPページURL">TOP</a></li>
<li><a href="家電ページURL">家電</a></li>
<li>テレビ</li>
</ul>
```

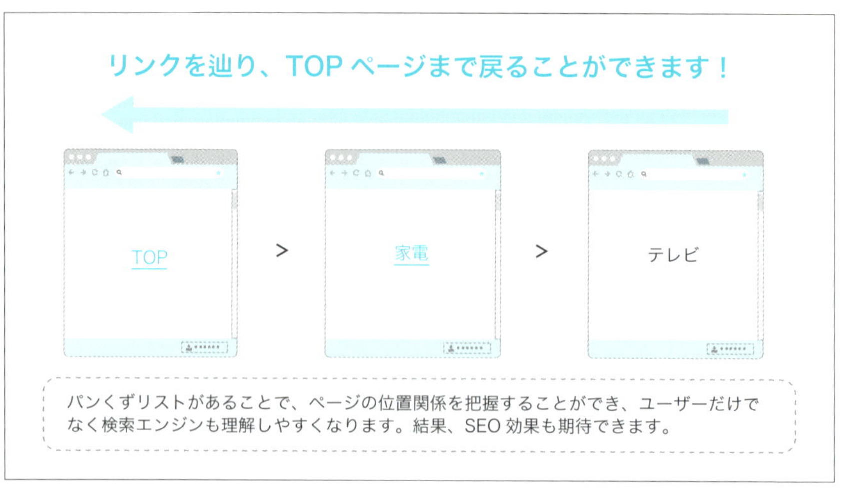

リンクを辿り、TOPページまで戻ることができます！
TOP
>
家電
>
テレビ
パンくずリストがあることで、ページの位置関係を把握することができ、ユーザーだけでなく検索エンジンも理解しやすくなります。結果、SEO効果も期待できます。

▲図2-7-3　リンク階層図

もしくは、リスト形式ではなく、>でも表現できます。

```
<p class="topicpath"><a href="TOPページURL">TOP</a>&gt;<a href="家電ページURL">家電</a>&gt;テレビ</p>
```

しかし、現在では新たな記述方法が確立されています。

microdataで構造化マークアップした記述方法

Googleは「microdata（マイクロデータ）」形式で構造化マークアップすることを、新たに推奨することとなりました。

【従来の記述方法】

例えば、「トップページ⇒九州ページ⇒福岡ページ」で福岡ページ内部に記述する場合、次のようになります。

```
<ol>
    <li><a href="トップページURL">トップ</a></li>
    <li><a href="九州ページURL">九州ページ</a></li>
    <li>福岡</li>
</ol>
```

【microdataで構造化マークアップした記述方法】

microdataとは、itemtype属性（種別）・itemprop属性（プロパティ）・itemscope属性（影響範囲）を使って「意味」を加えるデータの記述方法です。Googleの技術力を疑うわけではありませんが、実は従来の方法では、確実にパンくずリストとして認識してくれるか否かにおいての断定はできなかったのです。それに確実性を加えたのが、このmicrodataです。

なお、最もおすすめの記述は、Googleなど共同制作した図2-7-4の記述方法です。

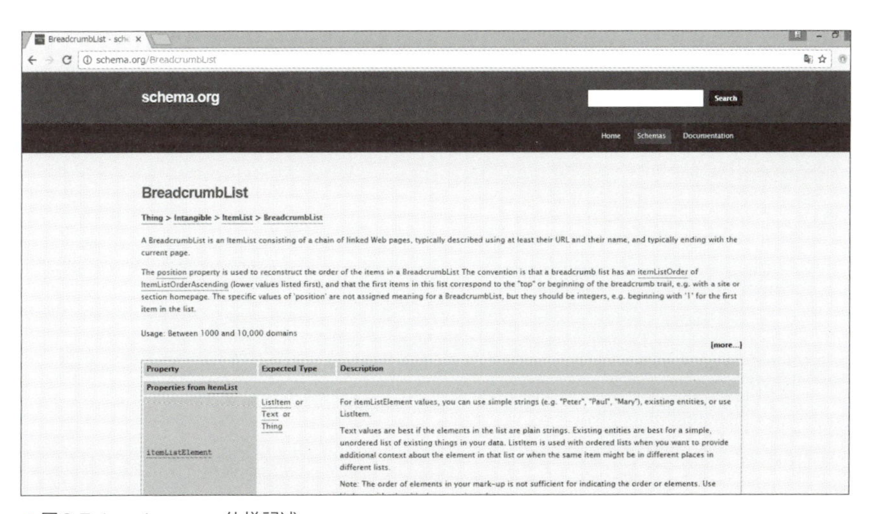

▲図2-7-4　schema.org仕様記述
【参照URL】http://schema.org/BreadcrumbList

その中にある参考記述は、こちらです。

```
<ol itemscope itemtype="http://schema.org/BreadcrumbList">
  <li itemprop="itemListElement" itemscope
      itemtype="http://schema.org/ListItem">
    <a itemprop="item" href="https://example.com/dresses">
    <span itemprop="name">Dresses</span></a>
    <meta itemprop="position" content="1" />
  </li>
  <li itemprop="itemListElement" itemscope
      itemtype="http://schema.org/ListItem">
    <a itemprop="item" href="https://example.com/dresses/
real">
    <span itemprop="name">Real Dresses</span></a>
    <meta itemprop="position" content="2" />
  </li>
</ol>
```

では、この記述について詳しく見て行きましょう。

①パンくずリストの明示

```
<ol itemscope itemtype="http://schema.org/
BreadcrumbList">
....
</ol>
```

この記述により、上記仕様に沿ったデータ構造であることを明示しています。

②リスト項目の明示

```
  <li itemprop="itemListElement" itemscope
      itemtype="http://schema.org/ListItem">
....
</li>
```

この記述により、上記仕様に沿ったリスト項目であることを明示しています。

③リスト項目中身の明示

```
<a itemprop="item" href="https://example.com/dresses">
    <span itemprop="name">Dresses</span></a>
```

この記述により、上記仕様に沿ったリストの中身を明示しています。

④リスト項目の順序を明示

```
<meta itemprop="position" content="1" />
```

この記述により、リストの順番、例えば1番、2番ということを明示しています。

この記述をもとに、従来の記述方法を書き換えてみます。

```
<ol itemscope itemtype="http://schema.org/BreadcrumbList">
  <li itemprop="itemListElement" itemscope
      itemtype="http://schema.org/ListItem">
    <a itemprop="item"トップページURL">
    <span itemprop="name">トップ</span></a>
    <meta itemprop="position" content="1" />
  </li>
  <li itemprop="itemListElement" itemscope
      itemtype="http://schema.org/ListItem">
    <a itemprop="item" href="九州ページURL ">
    <span itemprop="name">九州</span></a>
    <meta itemprop="position" content="2" />
  </li>
<li  itemprop="itemListElement" itemscope itemtype="http://
schema.org/ListItem">
      <span itemprop="item">
          <span itemprop="name">福岡</span>
      </span>
      <meta itemprop="position" content="3"  />
   </li>
</ol>
```

この記述により、クローラが位置関係をより確実に理解することができます。

なお、従来の手法でも問題はありませんが、バージョンアップした手法を用いることで、より確実に検索エンジンにPRできるので使用をおすすめします。SEOの観点からすると、

トップページURLは「絶対パス」、その他サブページは「相対パス」とする。

これがポイントです。

また、schema.orgの仕様とは異なりますが、

該当ページにはリンクを付けない。

これがベストです。なぜなら、不必要なクリックをさせる原因にもなるからです。

ユーザビリティもSEO要素に組み込まれていますので、前述の記述を参考にしてください。(そもそも、仕様は未完成なのですが)

なお、現況の仕様で定義している中でのお話ですが、いずれ変化するのではないかと考察しています。というのも、現在のHTML5においても既に文法的におかしいからです。

Fetch as Googleの利用

できるだけ早く反映させるには、「Fetch as Google」の利用をおすすめします。

Search Console内部のメニューにある、「クロール」⇒「Fetch as Google」の順序で行います。

▲図2-7-5　Fetch as Googleの送信

Summary まとめ

これまで述べてきたように、

①ユーザーのみならずSEOにもプラスとなる

②現在位置や前後間のページを理解できる

③microdata（マイクロデータ）で構造化マークアップするとより良い

という3つの事項が、パンくずリストでは重要です。

第3章 SEO内部対策の応用・発展：器官にメスを入れる

3-1 URLやドメインもSEOアルゴリズムの1つ

URLやドメインもSEOに考慮したつくりにする

URLの一部が太字に変化

とある検索結果では図3-1-1のように、URLの一部が太字で表示されています。

この現象は、全ての検索結果に反映されているわけではないのですが、少なくともこの太字表示は、GoogleもきちんとURLを診ていることを意味しています。

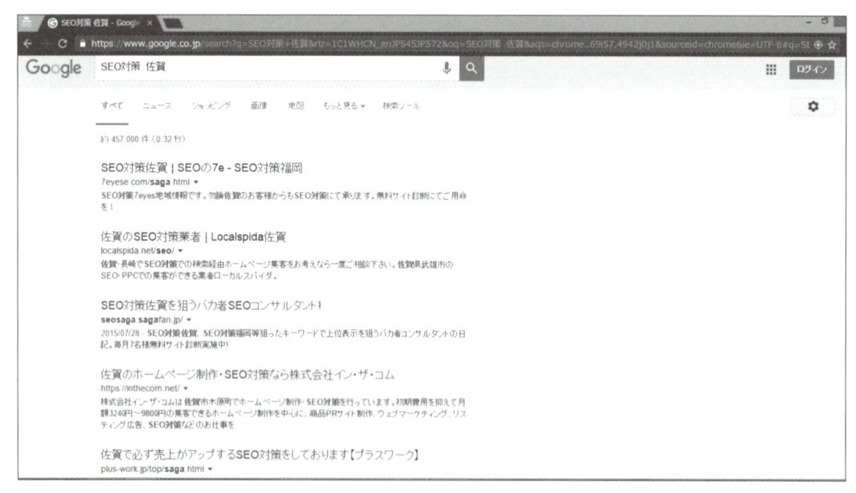

▲図3-1-1　URLの一部が太字となる例「SEO対策　佐賀」

わかりやすいURLを用いる

わかりやすいURLは見ただけで、その内容を伝えることができます。つまり、コンテンツ情報を伝えるうえでのPRとなります。また、検索エンジンにもその意図が伝わりやすいものとなります。

この観点から、具体的に説明していきましょう。

【ドメインについて】

ドメインはWebサイトの住所を表しています。星の数ほどあるWebサイトの中で、目的のHPにたどり着くためには、固有となる住所が必要となります。http:// domain.com/ の「domain.com」部分がドメインにあたります。

例えば、健康食品の「フコイダン」をネットで販売する場合は、店「shop」と合わせて、

```
http://fucoidan-shop.com/
```

のようなドメインだと、とてもわかりやすいです。

【サブページについて】

さらに、カテゴリやファイル名にも見る側が理解しやすい名前を付けることで、検索エンジンのクロール促進にもつながります。

▼住所や交通手段等を明記したアクセスページの例

```
http://fucoidan-shop.com/access.html
```

▼メールや電話などのお問い合わせページの例

```
http://fucoidan-shop.com/contact.html
```

▼Webサイト内部にあるブログページの例

```
http://fucoidan-shop.com/blog
```

▼地域情報サイトのお店カテゴリ以降の例

①美容カテゴリ ⇒　http://□□□.com/shops/beauty/・・・
②グルメカテゴリ⇒　http://□□□.com/shops/gourmet/・・・

このように、どんなページであるかをイメージしやすい名前を付けていきましょう。

簡潔にする

わかりやすくても長すぎるドメイン（URL）は、NGです。

次の例は、「店」の部分を「通販」に置き換えてみました。

http://fucoidan-mail-order-service.com/

このようにURLが極端に長すぎると、ユーザーに不親切となります。例えば、はじめて知り合った方に紹介したい場合に、簡単に伝えられないからです。リンクを張りたいという方に対しても、とても不便です。
だから、「-（ハイフン）」は1度だけの使用にとどめておきましょう。

ドメインの内容と一致したコンテンツとする

補足となりますが、ドメインを決定したら、その内容に合うコンテンツとなるよう品質に注意してください。

サイトの内容と一致（または部分一致）するドメインは、そのサイトをイメージしやすいことから、ユーザーにも検索エンジンにも良いものです。

しかし、このようなGoogleの判断を逆手にとって、実際のコンテンツとは無関係なドメインを付けた低品質なサイトを取り締まるEMDアップデートというアルゴリズムがあります。

狙っているキーワードでドメインを使用する場合は、Googleから目を付けられているということを考慮し、コンテンツ内部を整備することが重要です。

また、屋号や社名にちなんだ言葉をドメインにして、キーワードはサブページ名に盛り込むという方法もお勧めです。

▲図3-1-2　ドメインやサブページ名に盛り込んだ例

図3-1-2は、「SEO対策　熊本」の表示結果です。

1位のサイトは、ドメインは「7eyese.com」のため、「SEO」や「熊本」を使用していませんが、サブページとして「kumamoto.html」という表記を用いています。

ちなみに、2位のサイトは、「kumamoto-seo.com」のように、ドメインで使用しています。

同義語をドメインに用いる

URLの付け方については、その他にも方法があります。

例えば、「ホームページ制作　福岡」で上位表示を狙うサイトのドメインを検討する場合、「homepage」以外に、「web」や「hp」を用いても良いようです。この根拠として、色々な検索を行う中、Googleはどうやら「web」「hp」を、「homepage」と同義語（同じ意味）として診ているようなのです。

▲図3-1-3 「hp」部分が太字となっている例

ちなみに、人間界でのネイティブな解釈ということまで厳密に言っているのではありません。あくまでもGoogleがどう診ているかということです。

実際、homepegeというURLが太字になっている検索結果も多く見てきていますが、同様に、「web」や「hp」も多く見かけてきました。

この観点から、「homepege」と8文字の長いドメインを用いるのならば、webやhpの方が短いため、よりお勧めしたいのです。

Summary まとめ

これまで述べてきたように、

①わかりやすいものにする

②短くまとめる

という2つの事項が、ドメインやURLの決定の際には重要です。

3-2 Above the foldを意識したページレイアウトを設計する

ファーストビューに何を置くかを設計することが大事

Above the foldとは

スクロールしないで見ることができるWebページの画面範囲のことを、Above the foldと言います。

▲図3-2-1　スクロールしない範囲のWebページ例

このスクロールしない範囲が、SEOにおいてとても重要となってくるのですが、実はGoogleがページレイアウトに際するアルゴリズムを発表しています。

例えば、ページ内の構成や配置を診断し、Webページの使いやすさという観点から評価するというものです。中でも特に、このAbove the foldの範囲がとても重要となっています。

そのポイントを詳しく説明していきましょう。

重要なコンテンツを配置する

ファーストビューの範囲内で最初に見る画面であり、ユーザーがWebページを判断する最初の分岐点となります。そのような重要な位置にも関わらず、広告スペースが多く占領している場合、ユーザーのみならず、Googleからの評価を落とす危険性があります。

図3-2-2　Above the foldを広告が占領している例

図3-2-2は、FC2のサーバーを用いた通販サイトです。HPを更新しなければ、自動で広告が入る設定となっているようですが、ユーザー視点ではせっかく上位表示できていたとしても、信用性を失うこととなり、結果として売れることは少ないでしょう。

また、Googleはユーザー動向も見ています。広告が一面にあるサイトは、離脱に繋がる可能性が高くなり、仮にこれが大きなランキング要素となった場合、自ずと順位が下がってしまうことになるのです。

だから、アフィリエイトサイトなどは、このファーストビューを避けた位置にバナーを置くことをお勧めします。

重要タグを設置する

Above the foldの範囲において、ユーザーはもちろんのこと、検索エンジンにも最大限のアピールを行うことが重要です。その観点から、次のタグを順番に記述のうえ、全てをファーストビューの範囲内に書き入れることが重要です。

h1タグ⇒h1を補足するpタグ⇒h2タグ⇒h2を補足するpタグ

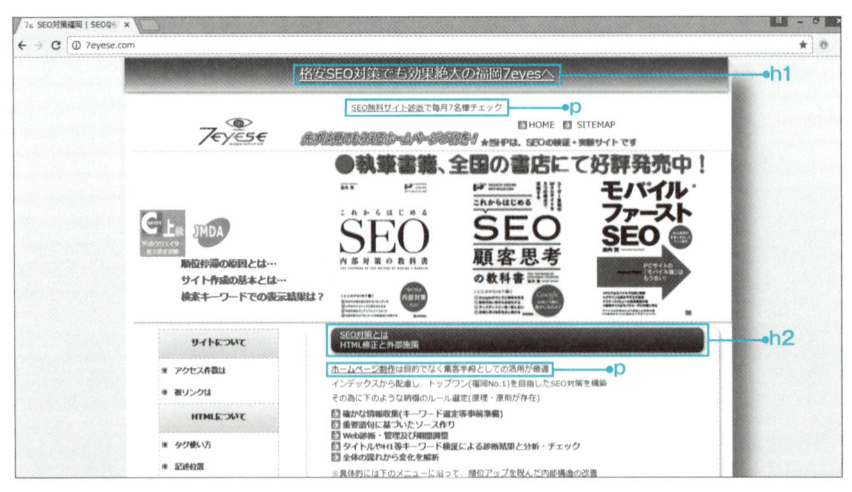

▲図3-2-3　スクロールしない範囲での重要タグ

ちなみに、2章でも解説しましたが、見出しの意味合いを組み入れながら、hx + pとセットで用いるようにしましょう。また、そのページの重要となるキーワードを適切に用いるようにしてください（画像で用いることもNGです）。

アイキャッチとしての画像を取り入れる

特に重要と考えるページにおいては、アイキャッチとしてのメインビジュアル画像を採用することをお勧めします（メインビジュアルとは、閲覧者が最初に目にする要素のことですが、主にトップページ上部に置く画像のことを指します）。

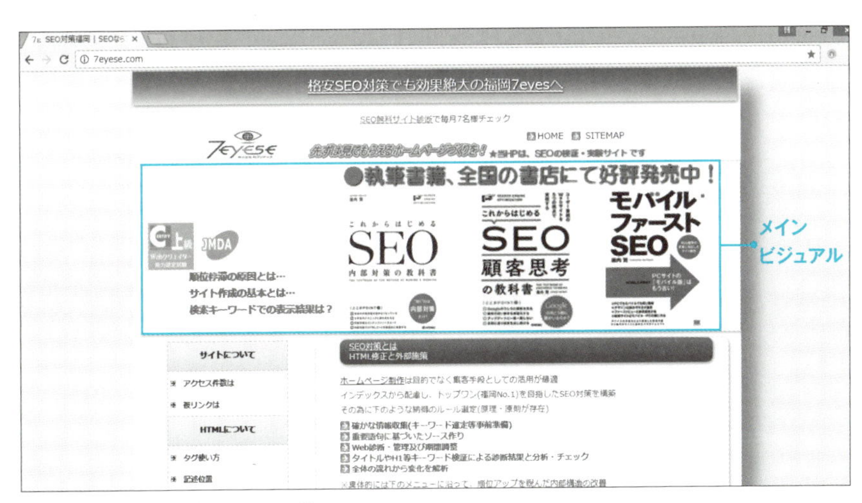

▲図3-2-4 メインビジュアルの例

理由ですが、メインビジュアルの画像は、直帰率やコンバージョン率に大きな影響を及ぼすからです。SEOのみならず集客の面も考慮すべきです。

このように、特に上位表示を狙って成約に結び付けたいページだけは、トップページのみならず、サブページにおいてもメインビジュアルの使用をお勧めします。

モバイルファーストを意識して

この数年、PCのみならず、モバイルからの閲覧も意識しなければいけなくなりました。

そこで気になるのが、モバイル環境です。PCのように高速でWebサイトを表示させることが難しいため、4章で後述する表示速度を意識した施策が重要です。

特に、このAbove the foldの範囲は、最初に閲覧するページの範囲となるため、あまりにも表示時間が長いとそのまま離脱する可能性もあるため、モバイルを軸とした表示速度を工夫していかなければいけません（4章で詳しく解説します）。

Summary まとめ

これまで述べてきたように、

①h1⇒p⇒h2⇒pまでをきちんと範囲内に入れる

②アイキャッチを意識する

という2つの事項が、Above the foldでは重要です。

3-3 ドメインの安全性を保持＋正規化

http ⇒ https へ、そして適切なリダイレクト

httpからhttpsへの変更

Googleは、2017年1月から、「httpsで暗号化されていないサイト」に対して、「Not Secure」という警告を表示するとアナウンスしました。公式ブログ「Google Online Security Blog」（https://security.googleblog.com/）から抜粋していきます。

この原稿を執筆したのは2016年末ですが、2017年からSSLの需要が急速に高まるのではないかと予想しています。

ちなみに、最初はパスワードやクレジットカード情報などを入力するページに限って実施するようですが、将来的にはおそらく全サイトを対象にすると思います。

導入手続き概要

次の4つの手続き・作業が必要です。

①CSRを作成する
②証明書発行の申請をする
③証明書をサーバにインストールする
④サーバの設定でSSLを有効化する

なお、色々な種類のレンタルサーバ会社がありますが、①～④の作業は、概ねレンタルサーバのコントロールパネル上で実行できるようになってい

ます（ちなみに、証明書申請から発行まで少し時間がかかる場合もあるようです）。

なお、①のCSRというのは、「Certificate Signing Request」（証明書発行のための署名要求）の略で、概ねレンタルサーバのコントロールパネル上で生成可能です。

SSLの導入方法

まず、使用しているサーバー上での手続きが必要です。

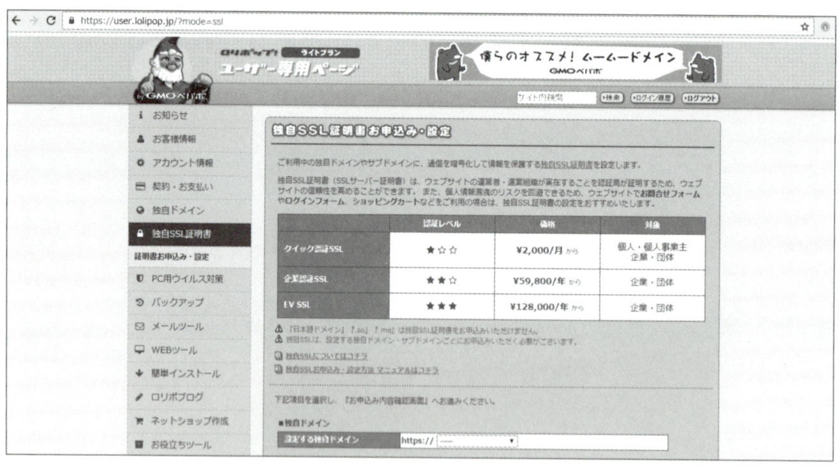

▲図3-3-1　ロリポップの手続き画面

図3-3-1は、レンタルサーバーロリポップの独自SSL証明書の申込み・設定画面です。このようなページがレンタルサーバにあるので、指示に従って手続きを行ってください。その際に、認証レベルを選定する必要があります。

SSLの認証レベルを選定する

SSLには、3段階の認証レベルがあります。認証レベル1（最も低機能）～認証レベル3（最も高機能）となっており、利用料金も異なっていますが、「通信が暗号化される」という点ではどれも同じです。

逆に異なる点としては、「ドメインの所有者がきちんと実在しているか否か」の証明具合となっています。

【認証レベル1】

別名「ドメイン認証」とも呼ばれています。

もっとも低機能の「認証」です。具体的には、「○○という名前の人が、このドメインとサーバを契約しており、きちんと使用権を持っている」ということを知らせるレベルの証明です。このように、ほぼ「通信の暗号化」だけが目的であるため、個人でも取得できる格安認証サービスとなります。

なお、サブドメインまでは影響が及びませんので注意が必要です。例えば 、「www.example.com」を対象に取得した証明書は、「sub.example.com」では使用することができません。そのため、サブドメインごとに証明書を取得する必要があります（複数のドメインを対象とすることができるマルチドメイン証明書もありますが、利用料金が割高です）。

【認証レベル2】

別名「企業認証」とも呼ばれています。

法人を対象に、「実在している企業」であることを確認したうえで、証明書が発行されます。具体的には、「日本国内での法人登記」を証明する書類の提出が必要です。その後、電話連絡にて、「実在している会社か否か」の人力確認があります。

【認証レベル3】

別名「EV（Extended Validation）認証」とも呼ばれています。
前述のように、最も厳格な証明です。企業側が申請時に提出する書類だけではなく、国内の法人を網羅したデータベース用いて、「実在している企業か否か」を確認します。また、認証レベル2と同様に電話連絡を用いて、「会社の存在」のみならず「申請者の存在」も確認することとなっています。

【まとめ、その他】

①個人・個人事業主は、「認証レベル1」のみ取得可能です。
②法人の場合は、いずれも取得可能です。メールフォーム程度で、その他のユーザの個人情報を扱わない類のWebサイトなら、認証レベル1で充分です。
③証明書には、ドメインなどと同じように有効期限があります（有効期限前に、更新手続きを忘れないようしましょう）。

●導入後、SEO上の注意点

①HTMLの修正

内部リンクを修正する必要があります。例えば、「<a href="contact.html">・・・」のように、相対パスでリンクを表記している場合は問題ありませんが、「<a href="http://7eyese.com/contact.html">・・・」のように、「http://」から表記している場合は、

全てのリンクをhttpsに書き換える
または
相対パスに書き換える

というHTML上での修正作業が必要です。

②CSS、JavaScriptの修正

①と同様に、相対パスで記述しているならば問題はないのですが、「http://」から記述している場合、ページの表示そのものには問題ありませんが、HTMLはhttpsで、画像はhttpで読み込んでいるという場合、混同していることから、ブラウザは「一部は安全ではない」という警告をアドレス欄に表示します。

よって、あまり望ましいものではありません。これがいずれ、SEO上での足枷となる可能性も秘めています。

③CGIを使用している場合

①と②同様、httpをhttpsに書き換える。または相対パスに書き換えることが必要です。

URLの正規化

①.htaccess

index.htmlやwww.の有無など、URLの正規化を設定している場合は、「.htaccess」に、変換後のURLであるhttpをhttpsに書き換える必要があります。

```
RewriteCond %{HTTPS} off
RewriteRule ^(.*)$ https://example.com/$1 [R=301,L]
```

ちなみに、この記述はロリポップというレンタルサーバにおける記述ですが、さくらインターネットの場合だと、

```
RewriteCond %{HTTPS} off
```

の部分を

```
RewriteCond %{HTTP:X-Sakura-Forwarded-For} ^$
```

という記述にする必要があります。

そのため、Webサイトでこの方法を実施する場合には、使用しているレンタルサーバを確認する必要があります。

また、「index」なし、「www.」なしも加えた正規化がこちらになります。

```
RewriteEngine on
RewriteCond %{THE_REQUEST} ^.*/index¥.html
RewriteRule ^(.*)index.html$ https:// example.com/$1
[R=301,L]
RewriteCond %{HTTP_HOST} ^www. example.com
RewriteRule ^(.*)$ https:// example.com/$1 [R=301,L]
RewriteCond %{HTTPS} off
RewriteRule ^(.*)$ https:// example.com/$1 [R=301,L]
(※ロリポップ使用の場合)
```

②canonical

「<link rel="canonical" href="http://www.example.com/">」のように、head内部に記述している場合は、

```
<link rel="canonical" href="https://www.example.com/">
```

のように書き換えなければいけません。

被リンクの修正

こちらは、衛星サイトなど、自身で運営しているWebサイトのみとなりますが、同様にリンク先を、httpからhttpsという表記に書き換えなければいけません。

少し手間もあるため、計画的に行いましょう。

Summary まとめ

これまで述べてきたように、

①SEO上の注意点を意識する

②事前準備の下、計画的に行う

という2つの事項が、SSL導入の際には重要です。

3-4 キャッシュをコントロールする

特にスマートフォンを意識することが重要

モバイルファースト時代の突入に向けて

2016年10月、モバイルファーストインデックス導入予定という発表があったことは既に述べましたが、特にモバイル環境に鑑みた際に、ユーザビリティやユーザーエクスペリエンスに留意したサイト制作が必要となってきます。

それを調べるうえで「https://developers.google.com/speed/pagespeed/insights/?hl=ja」を利用すると、Webサイトの状態を知ることができます。

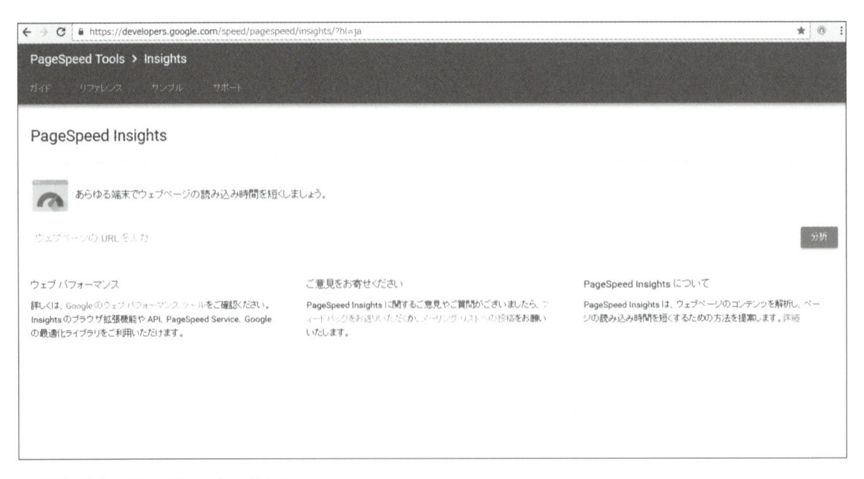

図3-4-1　PageSpeed Insights

中でも、表示速度が今まで以上に重要なSEO要素となることは今後必至ですが、その判定も行うことができます。

URLを入力して分析ボタンを押すと図3-4-2のように、「速度」の欄にはブラウザのキャッシュを活用するという修正が必要なことがわかります。

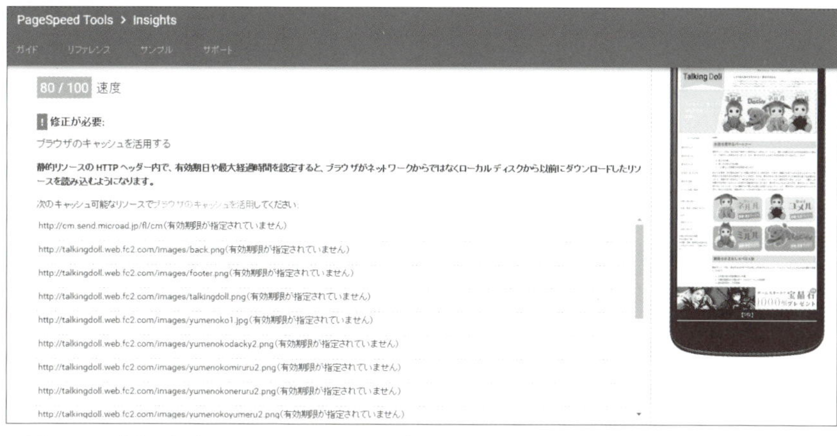

▲図3-4-2 「ブラウザのキャッシュを活用する」修正指摘

ここでは、具体的にどの箇所を修正すべきかを指摘してくれますので、この指示通りに修正すると、表示速度を改善することができます。なお、指摘を受けたのは「画像」「CSS」「JS」ですので、これらのキャッシュを制御すると改善できます。

キャッシュコントロールの具体的方法

「.htaccess」内部に、次の記述を追加しましょう。

```
<Files ~ "¥.(gif|jpe?g|png|ico|js|css|gz)$">
    Header set Cache-Control "max-age=2592000,public"
</Files>
```

この記述は、「画像、CSS、JSなどに30日間のキャッシュを設ける」という意味です。この記述により、表示速度の改善につなげることができます。

Summary まとめ

これまで述べてきたように、

①スマートフォンを意識する

②「PageSpeed Insights」で確認する

という2つの工程後、キャッシュコントロールを設置します。

3-5 モバイルフレンドリーなWebサイトへの変革

モバイルファーストの時代へ

モバイルフレンドリーなWebサイトを作成する

2015年、モバイルでのGoogleからの検索数が、PCの検索数を超えたとの発表がありました。2012年でのSEO内部対策は、PCのことだけを考えれば良かったのですが、今ではスマホを軸にWebサイト制作を行わなければいけなくなりました。

その最低限の施策として、「モバイルフレンドリー」というモバイルに適したサイトを構築しなければいけません。それを確認できるのが、モバイルフレンドリーテストというGoogleが提供しているテストサイトです。

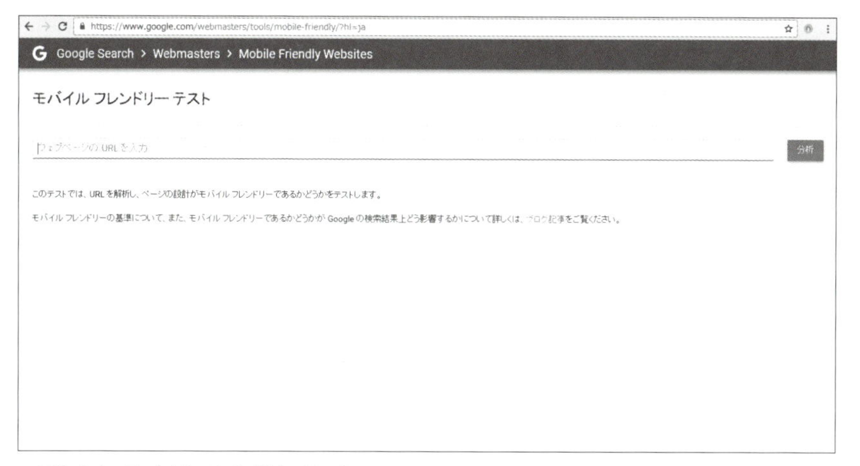

▲図3-5-1　モバイルフレンドリーテスト
【参照URL】https://www.google.com/webmasters/tools/mobile-friendly/?hl=ja

図3-5-1のサイトでURLを入力して「分析」ボタンを押すと、図3-5-2のように結果が表示されます。

▲図3-5-2　モバイルフレンドリーの結果例

結果、とあるサイトにおいて、「モバイルフレンドリーではありません」という表示が出ました。ちなみに、図3-5-2の右側にある「次へ」ボタンを押すと、どのような点に注意して改善すべきかの概要説明がなされています(図3-5-3)。

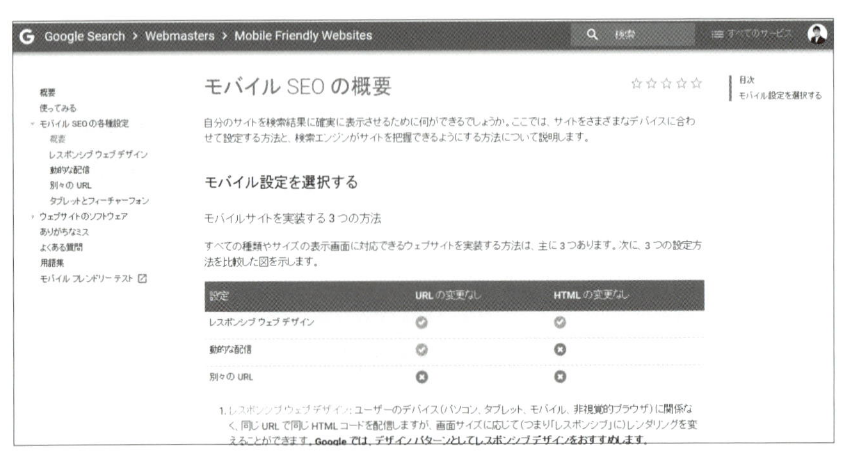

▲図3-5-3　修正するうえでの指針や概要

なお、具体的に指摘してもらえるという意味では、図3-5-4のサイトもお勧めです。

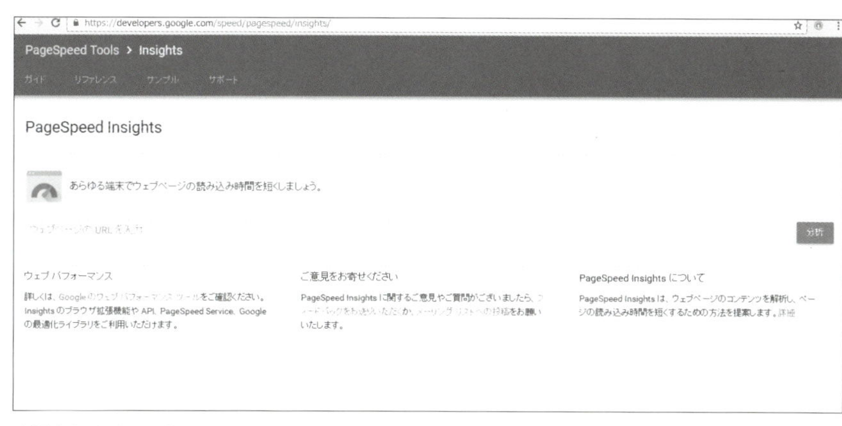

▲図3-5-4　PageSpeed Insights
【参照URL】https://developers.google.com/speed/pagespeed/insights/

こちらのサイトでも同様に、URLを入力し「分析」ボタンを押すと、図3-5-5のように結果が表示されます。

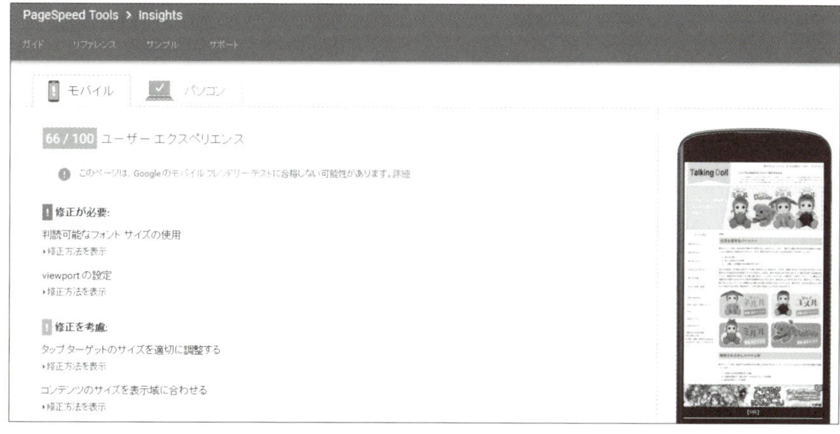

▲図3-5-5　ユーザーエクスペリエンスの結果例

このサイトでは、具体的な箇所と方法も指摘してくれるので、指摘された箇所をポイントして修正すれば、ユーザーエクスペリエンスにおいて高得点を取ることができます。

Summary まとめ

これまで述べてきたように、

①モバイルファーストの意識を持ち、ユーザーエクスペリエンスを重視する

②制作後は、Googleツールにより確認する

という2つの事項が、モバイルフレンドリーでは重要です。

3-6 共起関係の言葉を用いてページ全体を整える

文章全体に共起関係の言葉をちりばめる

共起関係の言葉の過多が専門性の証

関係性のある言葉とは、主となるキーワードが出てきたWebサイト内部において、同じページで同時に使用されやすい言葉のことを指します。

つまり、自ずと使用されやすくなるのです。

簡単な例で、おさらいをしておきましょう。

「餃子」の共起関係の言葉を探してみると、レシピ、手作り、注文、当店といった言葉が頻出されています。

これらの言葉がなぜ、一緒に使われやすいかを想像すると、そのシーンは、

①レシピ、手作り・・・料理研究家などが餃子をつくる人のHP
②注文、当店・・・お店を構えている人や通販サイトのHP

などをイメージすることができます。

ということは逆に、

①料理研究家のWebサイトならば・・・レシピ、手作り
②お店や通販サイトならば・・・注文、当店

といった言葉が出てくるのは、自然な流れと言えるでしょう。同時に、Googleの検索エンジンが認識しやすくなるのです。

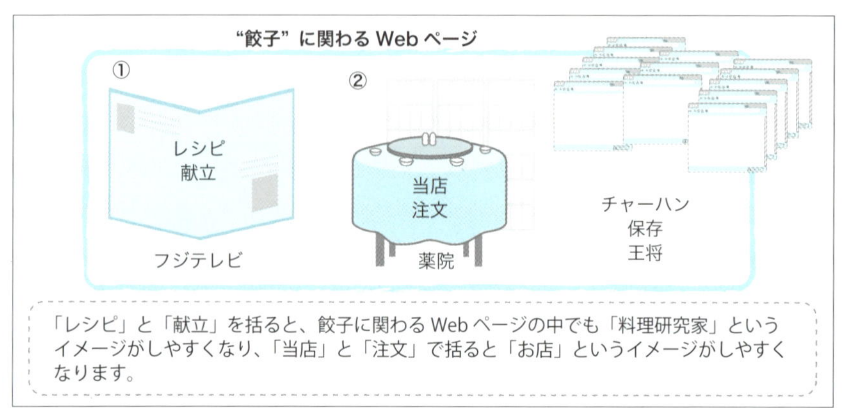

▲図3-6-1 「餃子」を例にした共起関係の例

実践1:ツールを利用し共起関係の言葉をチョイス

共起関係の言葉は、多くのWebサイトを参考にしても良いのですが、どのような言葉が使われているのかをいちいち探すのはとても非効率です。そこで、ツールを用いて探していきます。

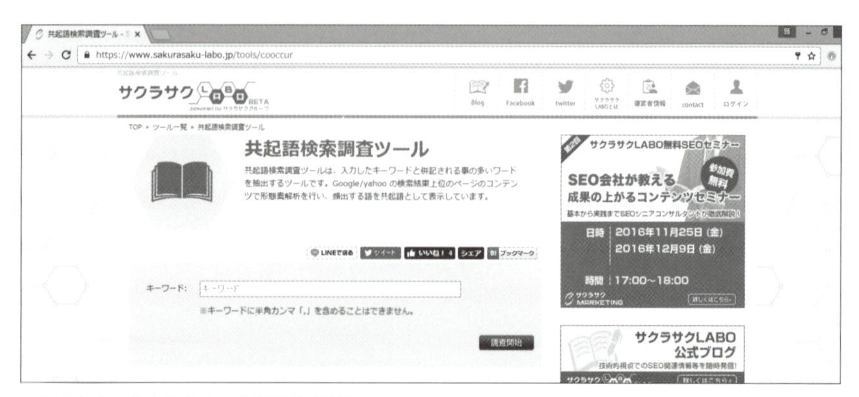

▲図3-6-2 サクラサク 共起語検索調査ツール
【参照URL】https://www.sakurasaku-labo.jp/tools/cooccur

これに、「餃子」を入力して、「調査開始」のボタンを押します。すると、図3-6-3のように共起関係の言葉が表示されます。

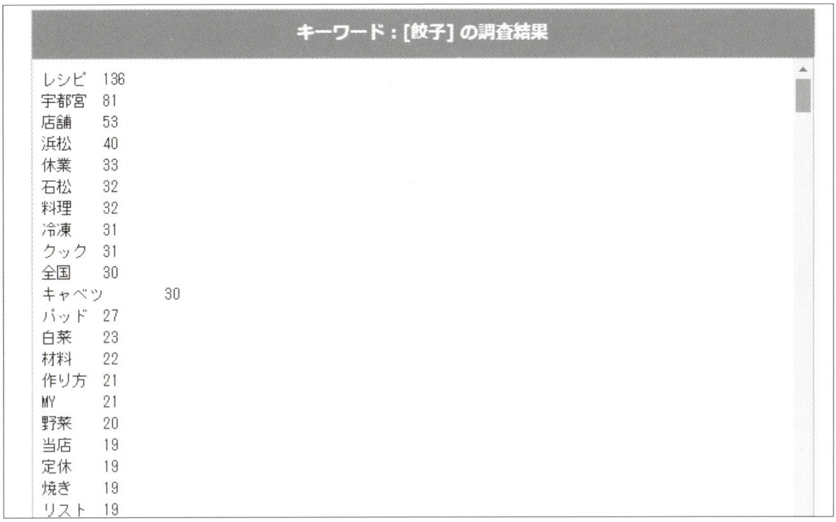

キーワード：[餃子] の調査結果

レシピ　136
宇都宮　81
店舗　53
浜松　40
休業　33
石松　32
料理　32
冷凍　31
クック　31
全国　30
キャベツ　30
パッド　27
白菜　23
材料　22
作り方　21
MY　21
野菜　20
当店　19
定休　19
焼き　19
リスト　19

▲図3-6-3　餃子の共起関係の言葉を抽出した例

この言葉を利用して、実際の文章を作成していきます。

実践2: 言葉の選び方

共起関係の言葉の中で、どの言葉を用いるかという観点では、事前に注意しなければいけないことがあります。

それは、次の2点です。

①HPと無縁の共起関係の言葉は用いない
②無理やり当て込みすぎない

共起関係だから使えば使うほど効果がある、というわけではありません。

必要か否かを判別のうえ、使用することが重要なのです。

無理やり使用しようとすると、おかしな文面にもなりますし、Googleからのペナルティを付けられる可能性も秘めています。

例えば、先ほどの餃子の「お店」においては、お店で売っている以上、業態が「手作り」ならば、それはアピールポイントとして利用することができますが、お店である以上、「レシピ」を公開することはあり得ません。

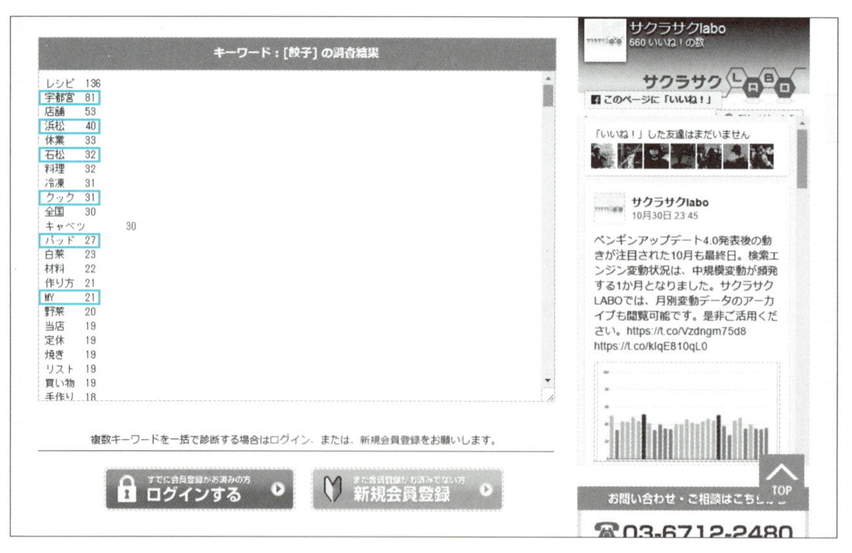

図3-6-4　餃子店のサイトで採否決定に注意すべき語句

内部の言葉を無理やり用いた例

当店のMY餃子レシピはクックパッドでも公開中です。餃子の石松も美味いですけれども、当店も美味いですよ！なお、宇都宮や浜松の餃子屋にも負けません！

これ程ひどい文章を書く方はあまりいないと思いますが、まれに同レベルのものを見かけることがあります。小手先のテクニックは通用しないのです。

実践3: 共起関係の言葉を実際にアサインする

元の文章：店舗型のお店の例

```
<h1>福岡の餃子は笑福亭へ</h1>

<p>福岡では有名な一口餃子をもっと広めたい。
そんな想いから始めたお店が笑福亭です。</p>

<h2>日本一笑声が響き渡る餃子屋にしたい</h2>
<p>西鉄二日市駅から徒歩2分三輪車で5分、千鳥足で7分、世界記録で走れるなら9秒58、電車の時間ギリギリまでくつろげる場所にあります。</p>

<p>全国を食べ歩いて出来上がった餃子は皮から手間を掛けてつくり一切妥協を許しません。ぜひ食べにお越しください。</p>
```

それぞれのタグ内部に使用した共起関係の言葉一覧

中華、おみやげ、焼き、手作り、名物、到着、自慢

▼改善後の文章

<h1>福岡の焼き餃子は笑福亭へ</h1>

<p>福岡の隠れた名物一口餃子をもっと広めたい。
そんな想いから始めたお店が笑福亭です。</p>

<h2>日本一笑声が響き渡る自慢の餃子屋にしたい</h2>

<p>西鉄二日市駅から徒歩2分三輪車で5分、千鳥足で7分もあれば到着できます。電車の時間ギリギリまでくつろげる場所にあります。</p>

<p>全国を食べ歩いて出来上がった中華の王道でもある餃子は皮から手作り一切妥協を許しません。ぜひ食べにお越しください。
おみやげにもどうぞ！</p>

※可能な範囲で、全てのブロック要素に入れるようにしましょう。

使用の線引きと細かい留意点

先ほどの例は、きちんと共起関係の言葉を使用して改善していきましたが、共起関係の言葉をもう少し立ち入って考えてみましょう。

重複しますが、そもそも共起関係の言葉は、主となるキーワードが出てきたWebサイト内部において、同じページで同時に使用されやすい言葉です。

つまり、言葉が一般的か否かは、この共起関係のツールでも判別が可能となります。

例えば、

・たれ⇒タレ
・ニンニク⇒にんにく
・お土産⇒おみやげ

このようになります。

「おみやげ」という言葉は改善後の文章で勝手に使いましたが、多くの競合他社も行っていることを表しているのが、「共起関係の言葉」です。
競合他社と同じ業態で臨むと、新たなニーズを発掘できることがあるかもしれませんので、集客の観点からも調査するようにしましょう。

そのうえで、可能ならば新たな展開として、検討してみてはいかがでしょうか。

ちなみに、「おみやげ」という言葉もありますが、「持ち帰り」という言葉も隠れていました。つまり、店頭で食するだけではなく、「持ち帰り」にも対応できると、さらなる需要を取り込めるかもしれません。

Summary まとめ

これまで述べてきたように、

①ブロック要素ごとに使用している

②関係性の無い言葉を無理やり使用していない

③ツールにもとづいた表記を行っている

という3つの事項が、共起関係の言葉を使用する際には重要です。

3-7 キーワード出現率をチェックする
主とするキーワードが軸となす

キーワード出現率の概要

キーワード出現率とは、とあるWebページ内において、どのキーワードが多く使用されているかということです。

この数年特に、WebライティングやコンテンツSEOという言葉が業界内外を賑わせていますが、このことで、1つ苦言を呈したいと思います。

良質のコンテンツなどという、抽象的すぎる最近の書籍やWebサイトの諸説について思うことがあります。それは、「具体的指針のない質」を追求しようとしても、何時まで経っても上位表示させることは難しいということです。

なぜなら、実体の無い物を追い求めているからです。

コンテンツSEOは科学です。

だからこそ、文章は機械的要素を取り入れるべきなのです。
Webページで上位表示させたいキーワードがあれば、そのキーワードをもっとも使用することで、検索エンジンはそのことについて書いてあることを認識することができます。ただし、これを悪用して、キーワードを多用しすぎることは避けなければいけません。このような内容を元に、具体的に解説していきます。

ツールの利用

図3-7-1のサイトのツールを利用して、具体的に見ていきましょう。

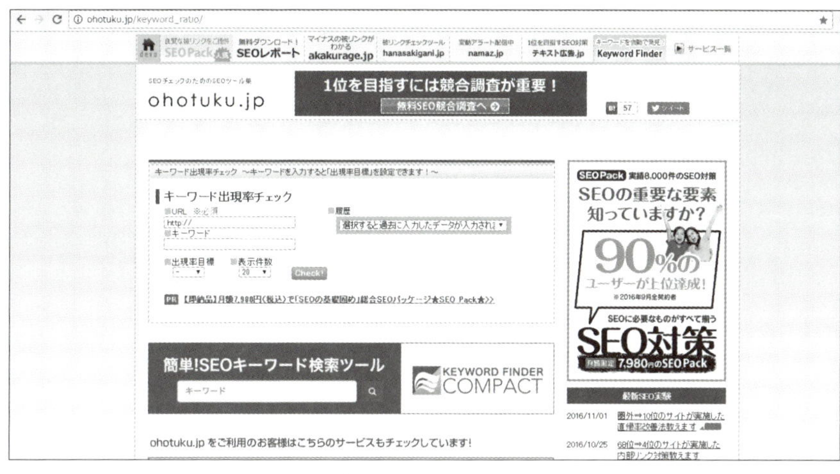

▲図3-7-1　ohotuku.jp- キーワード出現率チェックツール
【参照URL】http://ohotuku.jp/keyword_ratio/

このツール内で、次の手順の後、「Check!」ボタンを押します。

①URLを入力
②キーワードを入力
③出現率目標8%
④表示件数を選択

すると、図3-7-2のように、使用されているキーワード順位や比率が示されます。

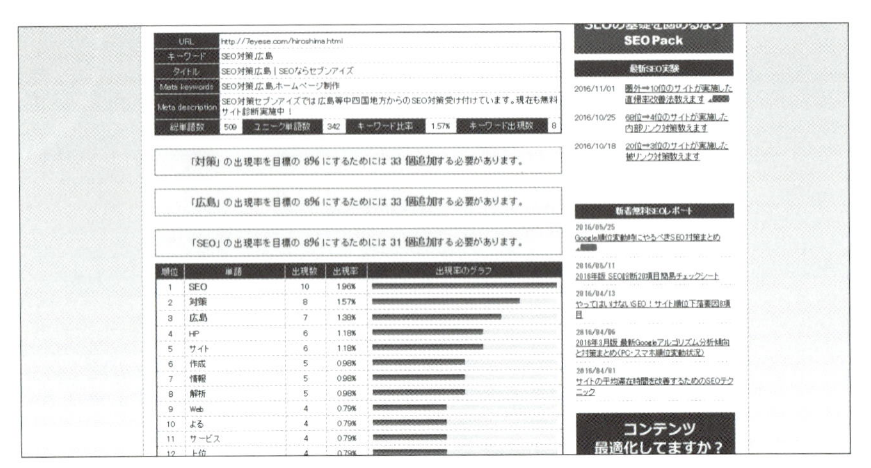

▲図3-7-2 「SEO対策　広島」で上位表示を狙った例

お勧めのキーワード比率ですが、検証・実験の結果、主とするキーワードである「SEO」「対策」「広島」を合わせて全部で6%以上～8%未満が、最も結果が得やすいようです。

図3-7-2をもとに計算をすると、

> 「SEO」+「対策」+「広島」= 4.91%

このように、もう少し余裕があります。

ちなみに、筆者の会社ではコーポレートサイトも含め、多くの検証・実験サイトを保有していますが、約2ヶ月後は図3-7-3のような結果となりました。

▲図3-7-3 「SEO対策　広島」の検索結果

「http://7eyese.com/hiroshima.html」という検証サイトが、3位にランクインしていますよね。

なぜ、このような結果となったのでしょうか？

偶然ではないことを示すために、もう少し詳しく解説していきたいと思います。

主とするキーワードを最も多く使用する

出現率をよく見ると、他の単語と比較したときに、「SEO」「対策」「広島」を最も使用しています。これをきちんと計算して、コンテンツを作成しています。また、先述した重要タグ位置に、しっかりと主要キーワードを入れています。その他、複合的に絡んでいますが、このように計算してコンテンツを書いたからこそ、必然的に上位表示することができたのです。

1位〜3位まで10、8、7回の使用で「SEO」「対策」「広島」が占めています。その後、他の単語の「HP」などが4位以降に続いています。
このようにきちんと序列を付けてあげることで、検索エンジンも理解しやすくなるのです。

主要キーワード以外はどんな単語を使用すべきなのか

主要キーワード以降では、「HP」「サイト」「作成」「情報」・・・と続いていますが、そもそもこの単語をどこから引っ張ってきたかというと、これは前節で解説した「共起関係の言葉」から流用しています。

「https://www.sakurasaku-labo.jp/tools/cooccur」のサイト内で、「SEO対策」を入力のうえ、調査してみます。

すると、図3-7-4のような調査結果を得られました。

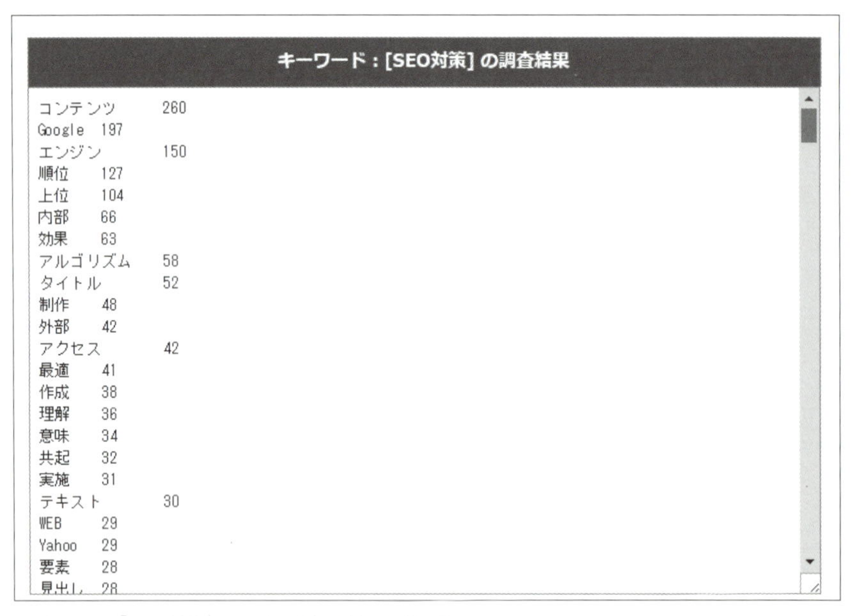

キーワード：[SEO対策] の調査結果

単語	回数
コンテンツ	260
Google	197
エンジン	150
順位	127
上位	104
内部	66
効果	63
アルゴリズム	58
タイトル	52
制作	48
外部	42
アクセス	42
最適	41
作成	38
理解	36
意味	34
共起	32
実施	31
テキスト	30
WEB	29
Yahoo	29
要素	28
見出し	28

▲図3-7-4　「SEO対策」における共起関係の言葉一覧

これらの単語の中から選んで利用することで、検索エンジンに対して専門性をアピールすることができます。

ちなみに、「広島」は調査する必要はありません。ここでは、広島地域で上位表示させたいだけの話ですので、広島の地域的情報はほぼ必要ありません。

また注意点としては、前節同様、無理やり使用するものではありません。むしろ、専門的な内容を書こうとすると必然的に入ってくる言葉であるはずです。

そのため、確認しながら自然な形で含めていくことをお勧めします。

不必要な言葉はできるだけ排除する

「これ」「それ」「あれ」といった代名詞や「・・・であるだろう」という冗長な表現を行うと、出現比率の上位に沢山の言葉が入ってくるということが多くあります。

そのため、できる限り具体的に記事を書いていくようにしましょう。

ちなみに、出現率10位の「よる」(図3-7-5)という類の、何の意味も持たない単語をできるだけ上位に出現させないように書き方を工夫することが大事です。

一度ではなかなか書けないと思いますので、方向修正しながら微調整していきましょう。

順位	単語	出現数	出現率	出現率のグラフ
1	SEO	10	1.96%	
2	対策	8	1.57%	
3	広島	7	1.38%	
4	HP	6	1.18%	
5	サイト	6	1.18%	
6	作成	5	0.98%	
7	情報	5	0.98%	
8	解析	5	0.98%	
9	Web	4	0.79%	
10	よる	4	0.79%	
11	サービス	4	0.79%	
12	上位	4	0.79%	
13	技術	4	0.79%	
14	検索	4	0.79%	
15	理解	4	0.79%	

▲図3-7-5　不必要な単語の例⇒10位の「よる」

Summary まとめ

これまで述べてきたように、

①全体で6%以上～8%未満にする

②主とするキーワードの数を一番多くする

③意味の無い言葉や冗長表現は行わない

という3つの事項が、キーワード出現率には重要です。

3-8 404エラーページをなくす +404エラーページを作成すること

検索エンジンや閲覧ユーザーへの配慮

404ERRORとは

404ERRORとは、存在しないページがリクエストされたときに、サーバーから返される“ページが見つかりません"というエラーです。

▲図3-8-1　404エラー表示例

図3-8-1のように、「※指定されたページ（URL）は見つかりません。」というエラーが表示されます。

ちなみにこの現象は、URLを直接触ることによって生じる場合もありますが、リンクを辿っていただけにも関わらず、上のようなエラーとなる場合もあります。

つまり、制作者側のミスにより、ユーザビリティを著しく損ねることとなっているのです。

検索エンジンにも情報が伝わっている

このエラー情報は、検索エンジンにもきちんと伝わっています。

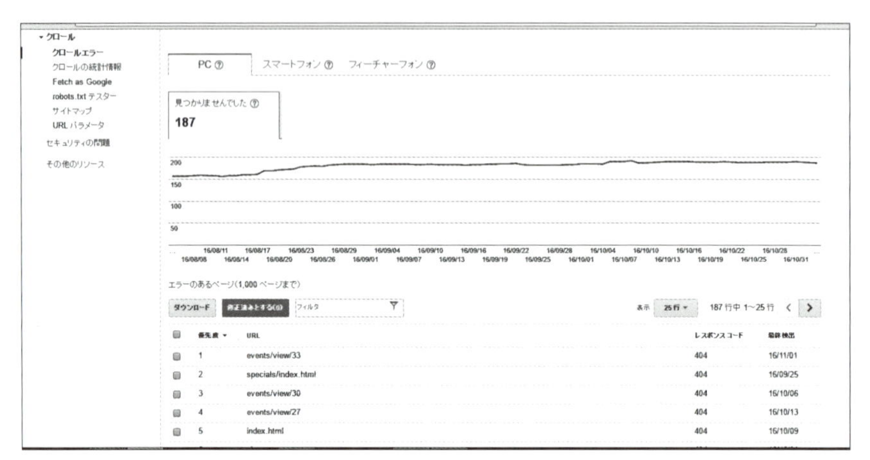

▲図3-8-2　Search Consoleでのエラー例

Search Consoleの「クロール」⇒「クロールエラー」とメニューボタンを進めていくと、図3-8-2のように404エラー一覧が表示されました。

このように、Googleも全てを把握しているので、SEOの観点からも…早目の修正をお勧めします。

リンク切れを無くす

リンク切れは、Googleからの評価を著しく下げる可能性があります。なぜなら、Webサイトの品質にも関わる問題であるからです。

図3-8-2のSearch Consoleの結果にもとづいて、修正していきましょう。

エラー一覧の一番上にある「1　events/view/33」というリンク部分をクリックします。すると、図3-8-3のように実際のページを確認できます。

見つかりませんでした

URL: http://　　　　jp/events/view/33

エラーの詳細　サイトマップ　リンク元

前回のクロール: 16/11/01

最初の検出: 14/07/16

Googlebot はこの URL をクロールできませんでした。この URL が存在しないページを指していることが原因です。基本的に、404 が発生しても検索結果でのサイトの掲載順が低下することはありませんが、このエラー情報を使用してユーザー利便性の向上を図ることができます。詳細

修正済みとする　キャンセル　Fetch as Google

▲図3-8-3　ページが見つからない場合のエラー

回避策として

新規ページを作成したら、必ず目で状態を確認するようにしましょう。リンクを辿って、きちんと表示されるか否かを逐一チェックすることで回避することができます。

ファイル名などのスペルミスや、入力ミスが原因となる場合が非常に多いようです。

例えば、「access.html」という新規ページを作成した後に、「<a href="acess.html" >アクセスページ</a>」とリンクを施すような類です。

なお、うっかりこのようなミスをしてページを作成した場合に備えた対応も必要です。
それが、404エラーページを用意しておくということです。

404エラーページの作成を検討する

まず前提として、404エラーを極力出すことがないように細心の注意を払うことが重要です。その観点からは、まず制作者側として、リンク切れを起こさないように注意していかなければいけません。

しかし、ユーザーが閲覧の途中で、間違ってURLをさわってしまうと、これは防ぎようもありません。このように、最悪の場合も想像して対処することは、SEOのみならず、ユーザー目線で考えたときにとても重要です。

404エラーページ作成上の注意点

404エラーページを作成する際の注意点として、次の4点を考えて作成するようにしましょう。

①他のページと同じデザインにする
②エラーページであることをきちんと伝える
③TOPへ戻るなど、正規ページへ戻れるリンクを作成する
④検索ウィジェットを活用する

例えば、図3-8-4のようなデザインです。

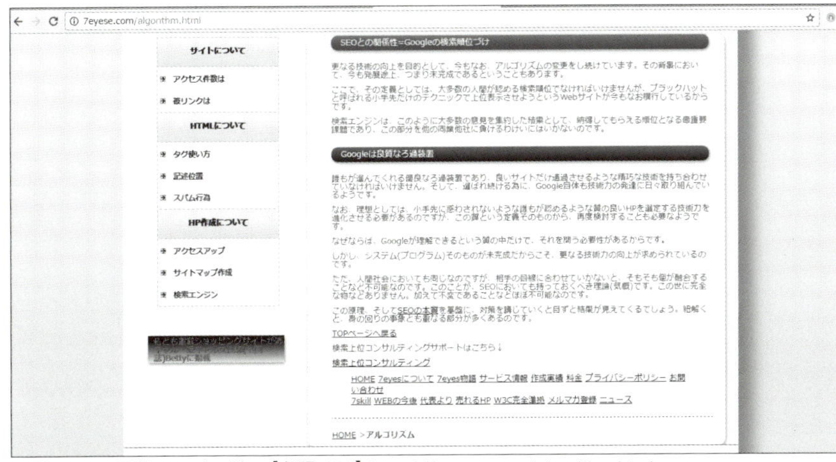

▲図3-8-4　正規ページの例　【参照URL】http://7eyese.com/algorithm.html

それに対して、404エラーページは図3-8-5のようなデザインです。

「http://7eyese.com/algorithm.html」の「algorithm」部分の最後に「a」を付け加えて、存在しないページのURLを打ち込んでみます。すると、このようなページが表示されます。

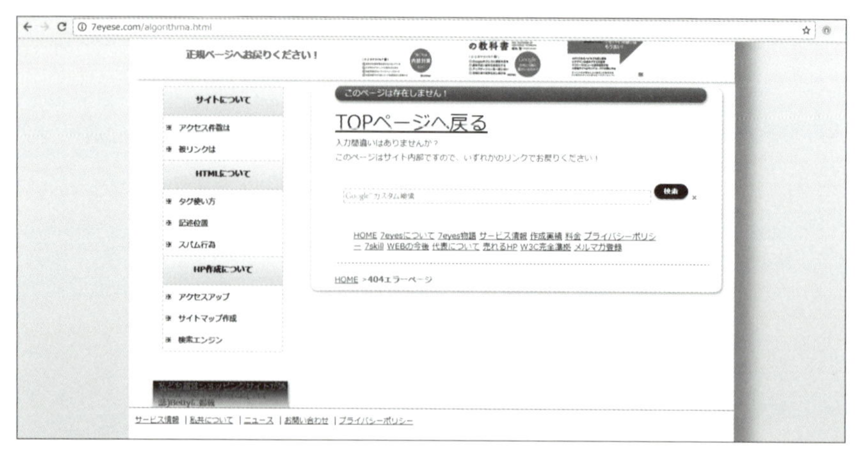

▲図3-8-5　404エラーページの例

①「正規ページへお戻りください」と促しています
②「TOPページへ戻るリンク」リンクが、メインコンテンツエリアに大きめに置いています

また、同じデザインであることから、Webサイト内部にいることをユーザーも認識できます。

検索ウィジェットの設置場所

検索ウィジェットを設置するうえで、まず気を付けていただきたいのは、ファーストビュー、つまりスクロールしない範囲に設置するということです。特に、スマホ閲覧需要が高まっている時代であるからこそ、狭い画面で情報を探す人の身になってWebサイトを作成することが重要です。

図3-8-6 スマートフォンから見た検索ウィジェットの例

検索ウィジェットの設置方法

図3-8-7のサイトから作成できます。

図3-8-7　カスタム検索作成サイト　【参照URL】http://cse.google.co.jp/cse/all

▼手順

①「新しい検索エンジン」をクリック
②「検索するサイトの欄」でページを追加する
③言語を選択する
④「作成」をクリック

この流れで、コードを取得のうえ活用すると作成できます。

.htaccessの設定

404エラーページが完成してアップロードしたら、今度は、404エラーが発生したら自動的に404エラーページに飛ぶような設定が必要です。

▼.htaccessの記述例

```
ErrorDocument 404 /mistake.html
```

※mistake.htmlというエラーページを作成した場合の記述例です。

404エラーページのインデックス回避策

エラーページは、そもそも中身のないページです。エラーした際の回避策として置いているページにすぎませんので、このページ内部のコンテンツは本来必要がないのです。

その観点から、head内部に次の記述を行いましょう。

```
<meta name="robots" content="noindex">
```

これは、全てのクローラに対してインデックスしないよう指示した記述です。

Summary まとめ

これまで述べてきたように、

①ユーザー、検索エンジン双方に関わる

②ガイドラインに沿った404エラーページ

という2つの事項が、404エラー対策には重要です。

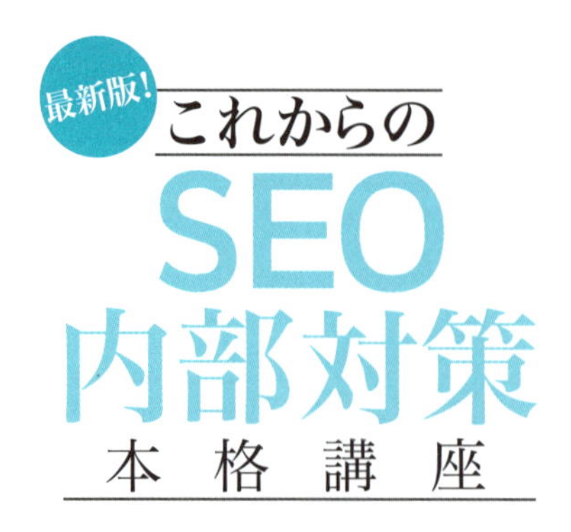
最新版!
これからの
SEO
内部対策
本格講座

第4章

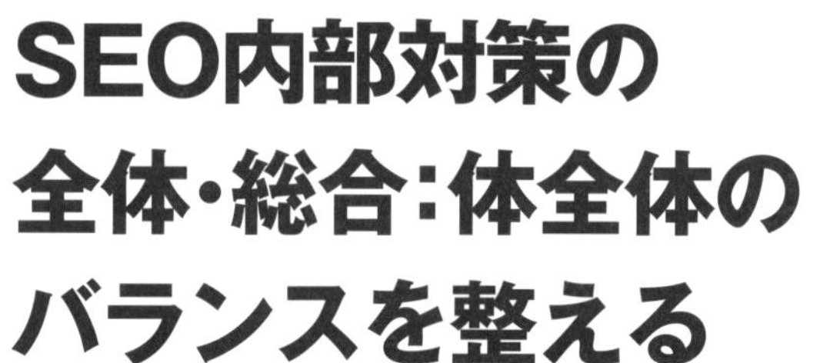

SEO内部対策の全体・総合：体全体のバランスを整える

4-1 Webサイト全体を設計する
設計の新常識とは

SEOに留意したWebサイトのページ設定

集客を念頭に置いたWebサイトの構成を考えるならば、ページテーマ等を決定する基本設計の段階から、SEOに考慮したページを作成すべきです。

例えば、“野菜”についてのWebサイトならば、野菜の中に含まれる「キャベツ」「レタス」「ブロッコリー」といったテーマで、サブページをつくることができます。

つまり、トップページのキーワード（テーマ）が、その下に続くサブページのテーマを含有することになります。

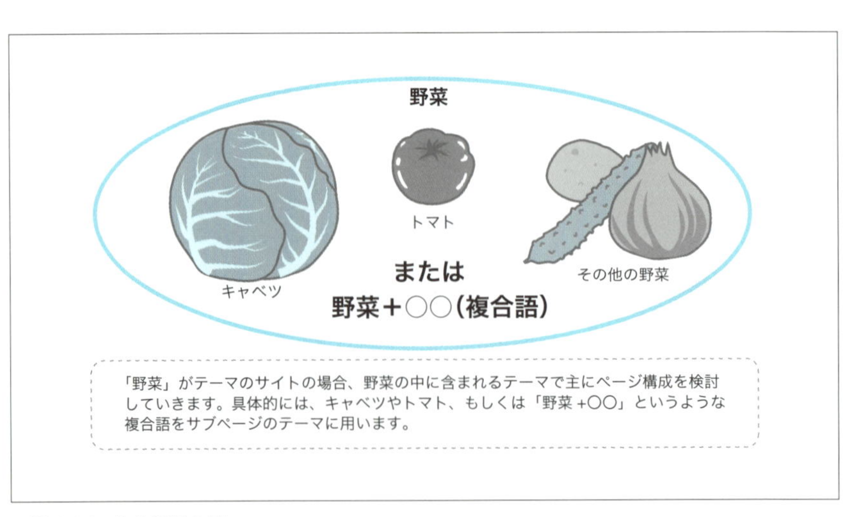

▲図4-1-1　包含関係の図

また、“キャベツ”という言葉をさらに掘り下げていくと「キャベツ　料理」、これをさらに掘り下げて、「キャベツ　料理　○○」と続けることもできます。

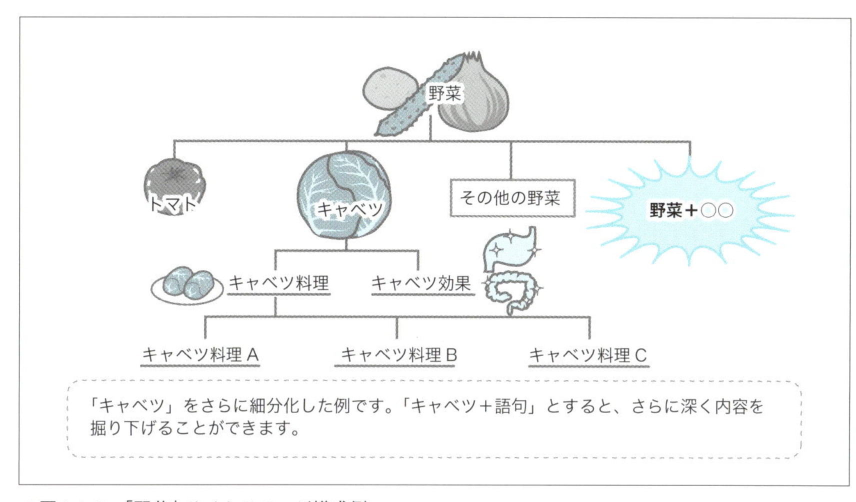

▲図4-1-2 「野菜」サイトのページ構成例

下層（サブ）ページ作成上のテーマ（タイトル）選定方法

先ほど例に挙げた「キャベツ」⇒「キャベツ料理」を、どのように選定したのかを説明していきます。この発掘方法として、Webサイトをどのような方に見てもらいたいのかという指針と同様、どのような検索需要があるのかという観点で検討していくことが、集客、SEOの両面からとても重要となってきます。

ここで、図4-1-3を見てください。これは、検索需要を探し出すことができる、関連キーワードを取得するためのツールです。

▲図4-1-3　関連キーワード取得ツール
【参照URL】http://www.related-keywords.com/

このサイトの中の検索キーワード覧にキーワードを入力後、「取得開始」のボタンを押すと、検索においてどのような需要があるのかがわかります。

例えば、「り」の段を見てみると、「キャベツ　料理」があります(図4-1-4)。

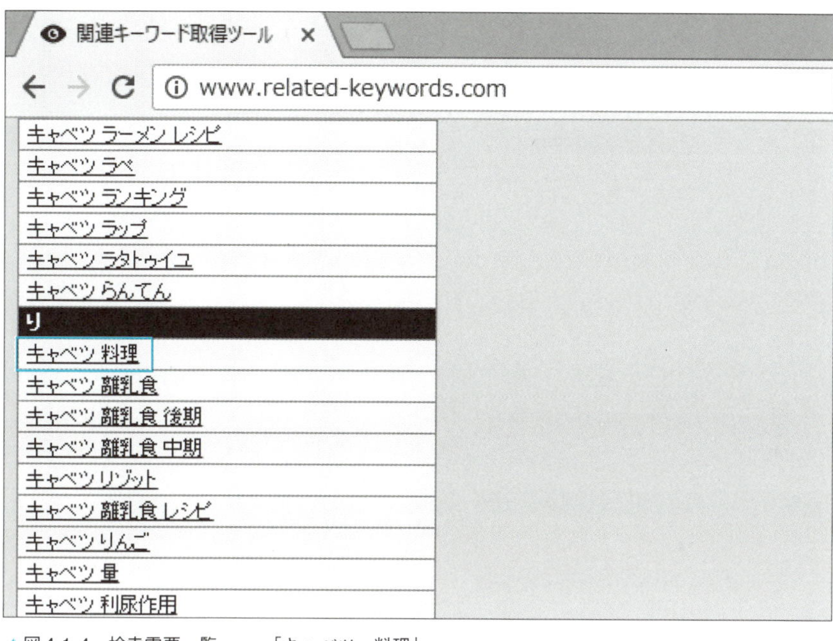

▲図4-1-4 検索需要一覧・・・「キャベツ 料理」

ちなみに、さらに掘り下げることも可能です。

先ほどと同様、「キャベツ 料理」と入力のうえ、「取得開始」のボタンを押すと、さらに掘り下げたキーワード一覧が表示されます（図4-1-5）。

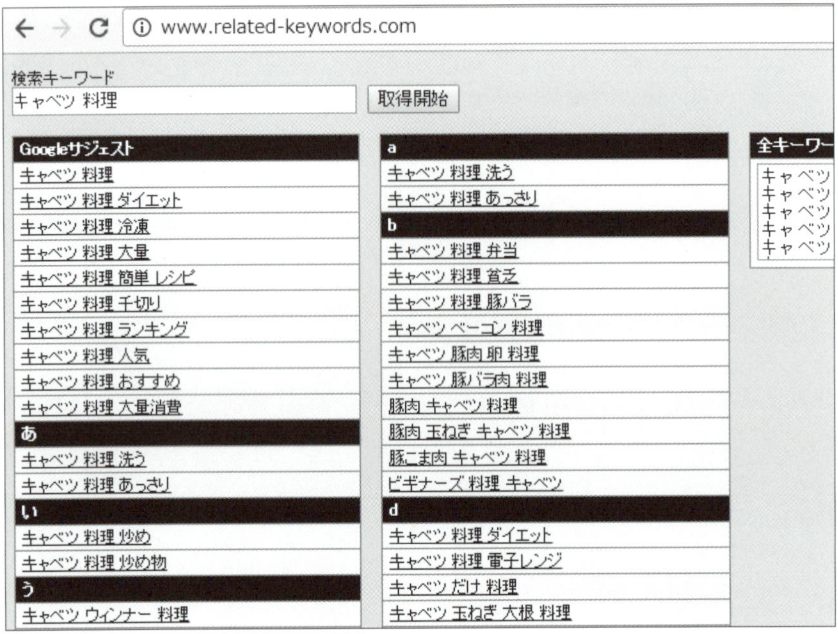

▲図4-1-5　キーワードをさらに掘り下げた結果

このような形でページを増やしていくことにより、ユーザーとの接点が増えるばかりではなく、Webサイト全体としても、疑問に答えることができる優良サイトとして、Googleからの高評価を得ることができるようになります。

また、実際にSEOで依頼される方の殆どが、狙うキーワードが複合語であることが非常に多いのです。また、2語等の複合語の方が、"野菜"のような抽象的すぎるキーワードよりも、反響率に好影響となることのほうが多いようです。

中でも特に多いのが、「キーワード＋地域名」です。例えば、「害虫駆除」

を「福岡」で依頼したいと思って業者を探す際、単一キーワードの「害虫駆除」ではなく、「害虫駆除　福岡」または、類似キーワードを検索窓に入力すると思います。

「キーワード＋地域名」を狙う場合の、Webサイト内部ページ構成

まずは、図4-1-6を見てください。

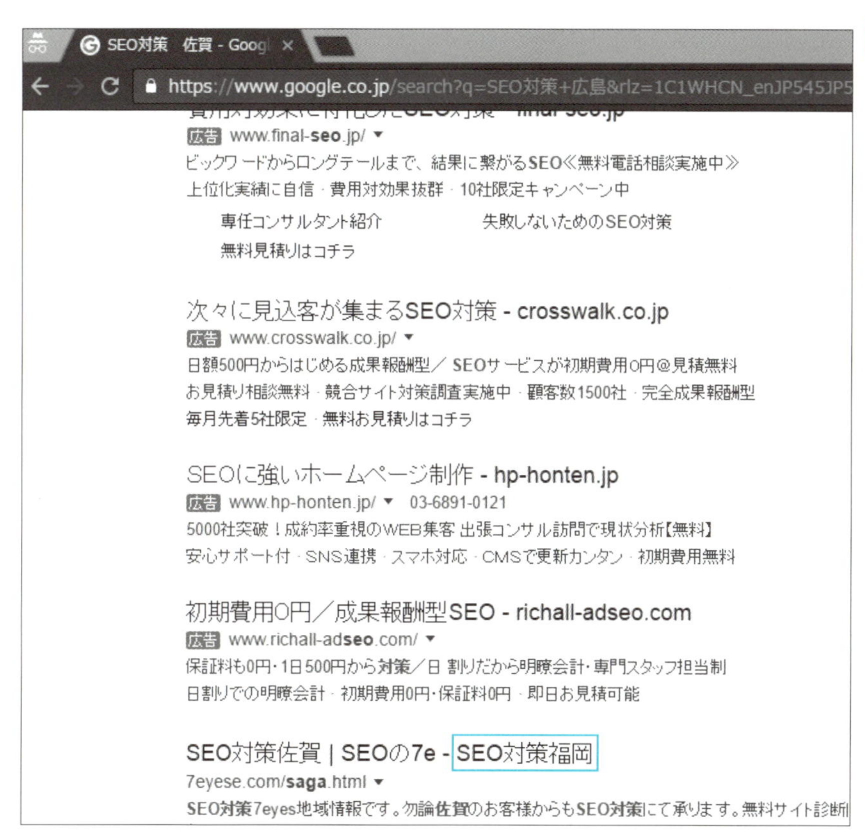

▲図4-1-6 「SEO対策　佐賀」の検索結果

これは「SEO対策　佐賀」の検索結果ですが、「-SEO対策福岡」がtitleに表示されるようになりました。titleの節でも説明しましたが、このように、検索結果の表示も変化してきています（titleに記述したものが、そのまま表示されるわけではありません）。

ここで、なぜ「-SEO対策福岡」が表示されたのかについて言及していきます。

次のサイトマップ（ページタイトル一覧）をご参照ください。title部分を抽出のうえ記載していますが、全体で100ページ以上のページ内から1部を選定しています。

『SEO対策福岡 | SEOなら7アイズ』（※TOPページ）
『お問合せ | SEO対策ホームページ制作は福岡7アイズ』
『SEOサイト診断 | SEO対策ホームページ制作 福岡7アイズ』
『SEOとは | SEO対策福岡7アイズ』
『ドメイン取得 | SEO対策はホームページ制作の福岡7アイズへ』
『ディレクトリ登録 | SEO対策福岡7アイズ』
『SEOセミナー福岡博多 | 集客対策は7アイズ』
『コーディングHP作成 | SEO対策ホームページ制作は福岡7アイズ』
『ブログカスタマイズ | SEO対策は福岡7アイズ』
『アクセスアップ具体策 | SEO対策福岡7アイズ』
『W3C準拠 | SEO対策ホームページ制作は福岡7アイズ』
『発リンク | SEO対策ホームページ制作福岡7アイズ』
『Bing | SEO対策ホームページ制作福岡7アイズ』
『明解ソースコード | SEO対策ホームページ制作福岡7アイズ』
『アドレス重複 | SEO対策ホームページ制作は福岡7アイズ』

『ロボットテキスト巡回 | SEO対策ホームページ制作は福岡7アイズ』
『head内 | SEO対策ホームページ制作福岡7アイズ』
『ミラーサイト | SEO対策ホームページ制作は福岡7アイズ』
『無料 (0円) 集客ツール | SEO対策ホームページ制作は7アイズ』
『SEO本質 | SEO対策福岡7アイズ』
『SEO歴史 | SEO対策は福岡7E』
『SEO対策鹿児島 | SEOの7アイズ』
『SEO通信講座 | SEO対策福岡7アイズ』

この中で言えることとして、全体としてtitle中に「SEO対策」という言葉をどこかに使用しています。ただ、「SEO対策佐賀 | SEOの7e」というページのtitleにおいては、「福岡」というキーワードは使用していません。

にもかかわらず、「○○○・・・-SEO対策福岡」というtitleが表示されたということは、本来言葉としては包含関係ではない、「福岡」の中に「佐賀」が入っていると検索エンジンがみなしているということです。

しかも、このように本来同列ページに序列をつけた状態でも、十分上位表示を狙えると断言できます。まずは1キーワードで早期の結果を重視する際は、トップページにリンクが集まることや、Web全体としてのページ群の威力を発揮できることからお勧めの手法です。

この仕組みで、特に起業したばかりの方や中小企業の方は、先ずは軸を1つに固めて、少しずつ横展開することをお勧めします。

例えば、エステサロンで福岡に拠点を構えている方が、いずれ「山口」に新店舗を予定している方は、トップページを軸にしながら、その周辺ページにも「福岡」というキーワードを多めにちりばめることで、「エステ　福岡」などの「福岡」を含めたキーワードでは盤石となりますし、共通キーワードであるエステサロンの内容を広く深くページをつくることで、「エステ　山口」を狙ったページを新たに追加しても問題無いどころか、Webサイト全体が下支えとして機能します。

ただし、図4-1-7のように共通項で必ず繋がるということが必須条件です。また、地域のみならず、その他応用可能です。

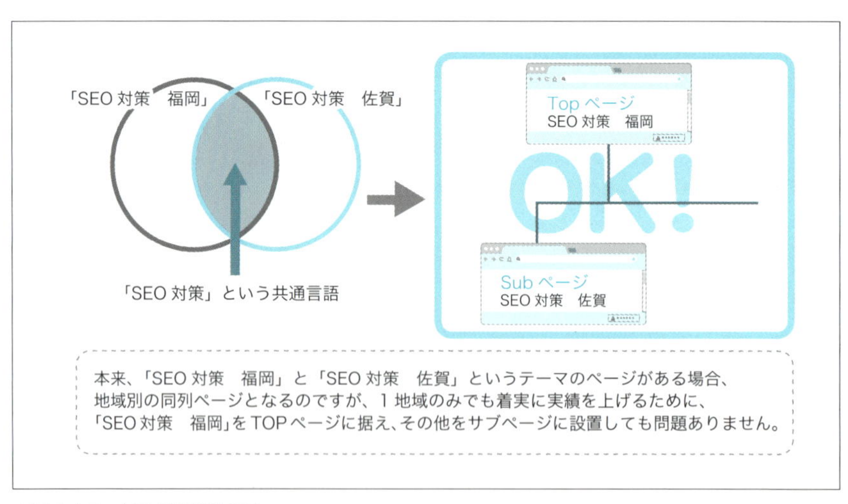

▲図4-1-7　本来の関係性の図

TOPページだけからの検索ではない

ロングテールを意識して、トップページ以外のサブページも活かしきることが重要です。そもそも、先ほどの例は、Webサイト全体として「SEO対策　福岡」で狙った構成だったのですが、色々な検索で表示させることで多くの集客を図ることができます。

ただし、共通項があることが重要です。逆に、サブページの1部分が全体の枠を少しはみ出しても良いということも同時に言えます。

Summary まとめ

これまで述べてきたように、Webサイトを設計する際は包含関係に留意することも大切ですが、

①共通項から横展開を図ったページ構成を行う

②ロングテールページを意識する

という2つの事項も効果的です。

4-2 デスティネーションファーストに基づいたページ設計

Webサイトの主とする目的とは

これからのページレイアウト設計に最も重要なこと

2015年、Google検索において、モバイルユーザーがPCユーザーを超えることとなりました。そして2016年、ついにモバイルファーストインデックス導入予定との発表もありました。

このような流れから、今後は、PCではなくモバイルユーザーを軸にしたページレイアウト設計が必要なります。そこでお勧めする制作手法が、モバイルファーストという観点でHPを作成するということです。特に、Googleが推奨するPCともページ内容が殆ど変わることがない、"レスポンシブWebデザイン"がベストです。

このように、モバイルファーストという基盤のもと、「使いやすさ」という3つの大きな柱を解説していきます。

①モバイルフレンドリー（3章にて解説済）
②表示速度（2、3章にて解説済）
③デスティネーションファーストに基づいたページ設計

特に、①と②は最低条件となりますが、以外に重要となるのが③です。検索してWebサイトを閲覧するうえでの目的は、欲している情報へいかに早くたどり着けるか・得られるかということです。

この点について、もう少し詳しく説明していきます。

検索の目的とは

検索する目的は、欲している情報にいち早くたどり着くことです。そのためには、ページ間の繋がりや情報が記載されている場所をわかりやすくナビゲーションしていくことが重要です。

つまり、求めている目的地・ゴールまでの道筋が、わかりやすい導線となっている設計である必要があります。そして、このモバイルファーストが提唱される中での最重要項目の1つが、「デスティネーションファースト(Destination First)」です。

モバイル サイト設計 25 の指針

GoogleのInside AdSenseでは、サービスの購入・予約など、コンバージョン関連操作を実行した結果として、最適な操作上のルールが存在していることが解説されています。

参照URL:
http://adsense-ja.blogspot.jp/2014/08/25.html
http://services.google.com/fh/files/blogs/principles-of-mobile-site-design-ja.pdf

中でも特に重要と思われるものについて、例を示していきます。

①CALL TO ACTION（行動を促す表記）を目立たせる
②短く簡潔なメニュー
③トップページへ簡単に戻れる

※Above the fold（スクロールしないで閲覧する事のできる画面領域）においては、広告は控えめにすることも重要です。

▲図4-2-1　①と②の導入事例

①CALL TO ACTIONについて

「CALL TO ACTION」にあたる部分は、その業界や業態などでも異なると思いますが、"SEO業者"の場合、「お問合せ」が「CALL TO ACTION」にあたります（他、「お申込み」や「お仕事依頼」などなど）。

このことから、図4-2-1の場合、グローバルナビゲーションの中でも文字を比較的大きくし、色も変えています。また、Above the fold（スクロールしないで閲覧することのできる画面領域）の範囲にあることも特徴となっています（デザイン性を重んじ、ナビゲーションの統一感も考慮するならば、別のAbove the foldの範囲に設置するということでも問題ありません）。

②短く簡潔なメニューについて

メニューにおいては、複雑ではなく簡単に表現しています。例えば、「トップ」「料金」「コンサルティング」「セミナー」と、全ページ共通エリアで使用する“機能的リンク”は簡潔に記述するべきです。

もしもこの記述を、次のように「SEO対策のセブンアイズサイトトップ」「SEO対策料金」「SEO対策コンサルティング」「SEO対策セミナー」と、”SEO対策”と付け加えてしまうと、かなりくどい印象になると思います。SEOに効果があると考えて、このように記述するサイトを見かけることもありますが、共通エリアにおいてのアンカーテキストは、SEO効果を期待してくどい記述とするよりも、簡易的記述を心掛けるようにしましょう。

加えて、グローバルナビ以外のサイドメニュー、フッターエリアのアンカーテキストにおいては、リンクを張ることに重きを置くだけで十分です。

③トップページへ簡単に戻れる

グローバルナビまで導入した際、図4-2-3のような4カ所でトップページに戻れるような構造をお勧めします。特に、“HOME>お問い合わせ”のようなパンくずリストは、現在の位置関係を把握するうえでは必須となります。

また、このようなリンクを設置することで、ユーザーのみならず、SEO面での効果も期待することができます。

▲図4-2-3　③の導入事例

Summary まとめ

これまで述べてきたように、検索の目的にもとづいて、

①デスティネーションファーストに基づいたページ設計を行う

②モバイルファーストという概念の下、モバイルユーザーを軸に置く

という2つの事項が重要です。

4-3 内部リンクを設計する

内部リンク構造を整備して、わかりやすいナビゲーションを施す

最適な内部リンクとは

Webサイト内で、ページ同士を繋げるリンクのことを内部リンクと言いますが、次のことに気を付けてリンク関係を整備していくと、SEOにも大きな効果を得ることができます。

①ひと目で判る使いやすいリンク構成

Webサイトを閲覧するうえで、目的のページにスムーズにたどり着くことができ、今いるページの位置をすぐに把握できることがとても重要です。また、1つ前に閲覧していたページや、サイトトップページに即時に戻れるような構成は、ユーザーのみならずクローラにも理解しやすいものです。

結果として、SEO評価を高めることとなり、上位表示への効果も期待できます。

なお、現在位置を理解するうえで最も重要なのが、パンくずリストです。

▼地域で細分化したパンくずリストの例

TOP>地域別（カテゴリーページ）>東北地方>宮城県

②テーマの近いページがリンクされている≒横リンク

現在見ているページテーマと同類・同列または、近いけれども少し異なる内容のページリンクを設けることで、ユーザーの利便性を高めることが

できます。このように関係性が緊密である内容ページへのリンクを設けることで、ユーザビリティに好影響となります。結果として、SEO効果をもたらすことができます。

▼「遺品整理をテーマ」としたページ内部の例

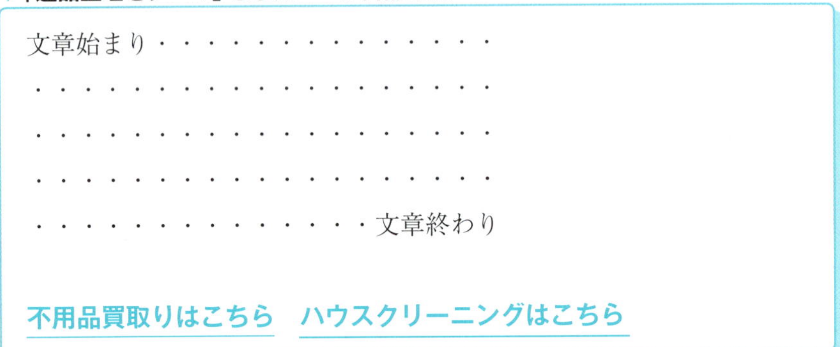

文章始まり・・・・・・・・・・・・・・・・・・
・・・・・・・・・・・・・・・・・・・・
・・・・・・・・・・・・・・・・・・・・
・・・・・・・・・・・・・・・・・・・・
・・・・・・・・・・・・・・・・・・・文章終わり
不用品買取りはこちら
ハウスクリーニングはこちら

このように関連性の高いテーマへのリンクを設けることで、ユーザーにとって親切なページとなります。

③リンクはトップページから3～4クリック以内

クローラが巡回しやすいページ構造が理想です。その観点から、リンク階層があまりにも深くなってしまうと、クローラが巡回しづらくなる可能性があるため、浅い階層構造を心掛けなければいけません。

▼トップから末端まで3クリックで到達する例

トップ>Aページ>Bページ>Cページ

これをもとに、先ほどの①を再考すると、

TOP> 地域別（カテゴリーページ）> 東北地方 > 宮城県

こうするよりも、可能ならば

TOP> 東北地方 > 宮城県

こうした方が、より良いということになります。

トップページ内部に地域別のリンク一覧を設けることで、"地域別（カテゴリーページ）" というページを飛ばす（なくす）ことができ、1階層浅くすることもできます。

なお、ここで "地域別（カテゴリーページ）" を省略したことには意味があります。

それは、地域別というカテゴリページは、アンカーテキストでは機能していないからです。このように、ページを作成する場合は、そのページそのものが意味をなすテーマで、検索にも引っかかるような類のキーワードであることがベストです。

また、ディレクトリ階層も深くすることはGoogleも推奨していませんので、リンク階層と同様、浅い構造としていくことをお勧めします。

さて、ここからはHP作成当初より全国版として「キーワード＋□□県」で上位表示を狙う場合の、前述の①〜③をまとめた「最適かつ理想的なリンク関係」について、事例を用いて解説していきたいと思います。

※ちなみに、地域別以外のさまざまなWebサイトでも応用できます。

とあるWebサイトのTOPページ⇒東北ページ（中間ページ）⇒宮城県ページ（末端ページ）の中の、“東北ページ（中間ページ）”に焦点をあてていきます。

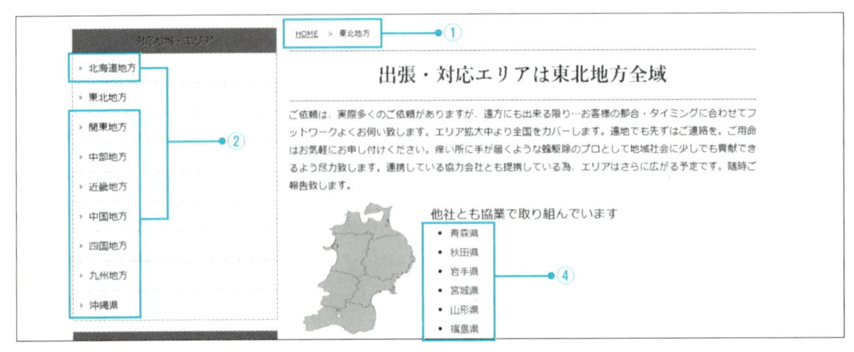

▲図4-3-1　カテゴリーページ＝東北地方ページの横リンクの例

図4-3-1をもとに説明していきます。まず、「③リンク階層は3〜4階層以内」という部分はすでに満たしています。次に、「①ひと目で判る使いやすいリンク構成」については、もっとも重要となるパンくずリストを設置しています。

次に、「②テーマの近いページがリンクされている≒横リンク」については、同列である北海道や関東地方などへのリンクがメニューエリアに施されています。

このように、横のつながりなど、関連するものをつないで内部リンクを強固にすることは、ユーザーのみならずSEOにもプラスに働きます。

また補足として、中間ページである東北地方のようなサブページでは、図4-3-1の④のみならず、図4-3-2のようなリンク関係が望ましいです。東北地方ページのような、その他の地方ページ（中間ページ）にも宮城県などの下向けのリンクを張ると、末端ページである各県の上位表示にも活かすことができます。

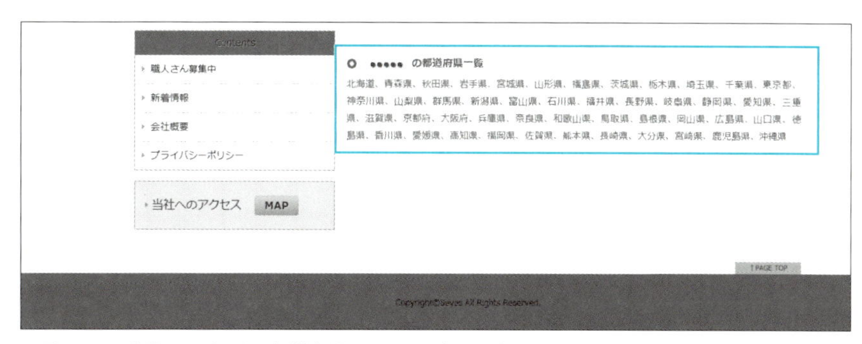

▲図4-3-2　中間ページである都道府県ページの下部に下向きリンクを設置した例

ここで重要なのは、全国の各地域で行う総合サイトであっても、実際の検索は“地域名”で検索する場合が殆どであるため、このWebサイトの場合、都道府県ページに向けて多くのリンクを張ることが重要です（→「業種＋宮城県（などの地域名）」）。これは、図4-1-7と2分するもう1つの手法です。

このように、何に重きを置くのか、何を上位表示したいのかで、リンクの張り方を調整することも重要です。

最後に、地域別以外の様々なカテゴリで応用可能です。

リンク名を理解しやすいものにする

テキストリンクをする際に使われるテキストのことを、アンカーテキストと言います。このアンカーテキストには、対策キーワードを入れることでSEO効果を発揮することができます。なぜなら、検索エンジンに対し、リンク先のページ内容を伝えることができるからです。

このアンカーテキストについて、これまで色々な実験を繰り返してきました。共起関係の言葉をアンカーテキストに用いる手法もありますが、キーワードそのものを使用することが、今でもやはりベストです。また、同義関係の言葉を用いることでも、キーワードを用いることと同等の効果を得ることができます。中でもアンカーテキストとして、SEOに優位な順序を示していきます。

▼SEOに有効なテキストリンクの順序

①キーワードを用いたテキストリンク
②同義語を用いたテキストリンク
③共起関係の言葉を用いたテキストリンク

この順序で使用していくようにしましょう。

なお、テキストリンクが最も有効であるという点は、今なお変わりません。画像の「alt=""」や"URLそのもの"よりも、テキストリンクが有効に響いていくようです。

▼有効なリンクの順序

①テキストリンク
②画像リンク(alt)
③URLリンク

また、テキストリンクを行う場合は、必ず前述の重要となる言葉を含めるようにしましょう。

内部リンクのアンカーテキストチェック

実際にどのようなアンカーテキストが用いられているかをチェックできるWebサイトがあります。

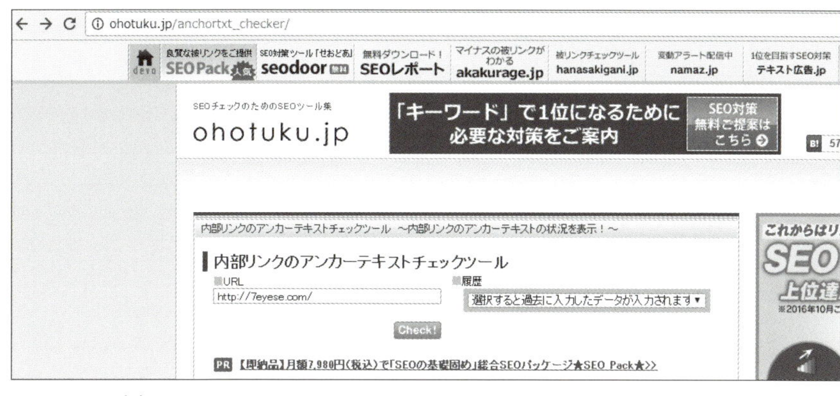

▲図4-3-3　内部リンクのアンカーテキストチェックツール
【参照URL】http://ohotuku.jp/anchortxt_checker/

この中の入力覧にURLを入力して、「Check!」ボタンを押すと、アンカーテキストの一覧が表示されます（図4-3-4）。

「http://7eyese.com/」の内部リンクアンカーテキストチェック結果

CSV形式で保存する

No.	リンク先URL	アンカーテキスト
1	semi2.html	SEO無料サイト診断
2	http://7eyese.com/	HOME
3	sitemap.html	SITEMAP
4	seo11.html	SEO対策とは
5	hp-fukuoka.html	ホームページ制作
6	domain.html	ドメイン取得日
7	algorithm.html	アルゴリズム
8	site.html	権威あるサイト
9	mu.html	無料
10	3days.html	当HPは作成から3日後に！
11	kami.html	集客
12	kyaku	無料集客ツール
13	service1.html	上位ランクインコンサルティングサポートはこちら
14	seo-fukuoka.html	検証
15	http://7eyese.com/	HOME
16	7e.html	7eyesについて
17	story.html	7eyes物語
18	service.html	サービス情報
19	sei.html	作成実績
20	price.html	料金
21	policy.html	プライバシーポリシー
22	contact.html	お問い合わせ
23	7skill.html	7skill

図4-3-4　アンカーテキストの結果

この結果にもとづいて、全体のアンカーテキスト全体を見直すようにしましょう。

補足：パンくずは複数設置する必要はなし！

とあるページにたどり着く経路が複数ある場合、パンくずリストを複数記述する方もいるのではないかと思いますが、実際のところ、クローラは最初に記述したパンくずリストを参照にして巡回します。そのため、複数記述しても無意味ですので、重要な経路のパンくずリストを1つだけ記述するようにしましょう。

補足：重要なページへの導線は短く！

クローラの巡回経路という意味では、少ないクリック数でページに到達できることも大変重要です。その為、重要なサブページにおいては、トップからのクリック数を可能な限り短くすることも必要なのです。

Summary まとめ

これまで述べてきたように、

①ユーザー、クローラの身になって設計する

②アンカーテキストは理解しやすいものにする

という2つの事項が、内部リンクの設計においては重要です。

4-4 コピーコンテンツを回避する

内部リンク構造を整備して、わかりやすいナビゲーションを施す

重複コンテンツとは

重複コンテンツとは、ページのURLが異なるにも関わらず、タイトル（title）やdescription、テキスト文章等のコンテンツが、他ページと完全に同じであるか、ほぼ同じの重複状態であるコンテンツのことです。少なくとも、どこかの一部分が異なるだけでは、重複としてみなされる可能性は高くなります。

なぜ、重複だと問題なのか

例えば、とある検索を行った結果、同じような内容ばかりが上位の検索結果を占領していては、ユーザーにとって良いものではありません。無駄にクリックしてしまうその手間だけが発生してしまい、情報の価値を見出せなくなります。

このことから、同じ内容のページは複数存在する必要性はなく、中でも最も重要だと判断されたページのみが検索結果に表示されることとなります。

このように、検索して閲覧する価値が評価されます。そして、重複コンテンツを避けることで上位表示に対する重しを避けることができます。逆に、Googleは多様性や独自性を求めるとも言えます。

その判断基準として、コピーコンテンツを判定するツールを紹介します。

【title、descriptionについて】

「Google Search Console」内部で「①検索での見え方」⇒「②HTMLの改善」へと進んでいくと、図4-4-1のように、titleまたはdescriptionでの重複データを抽出することができます。

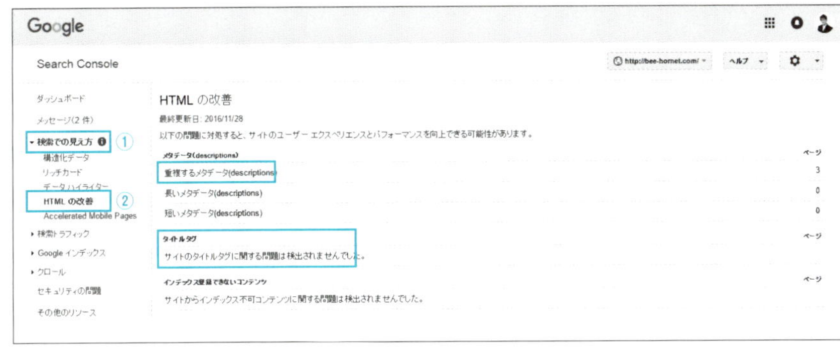

▲図4-4-1　Google Search Consoleでの重複データ

図の診断では、タイトルタグ（title）は重複データはありませんが、descriptionにおいては重複していることが判ります。

さらに、「重複するデータ（description）」部分のリンクをクリックして進んでいくこと、図4-4-2のように3つのページが重複していることを指摘してもらえます。

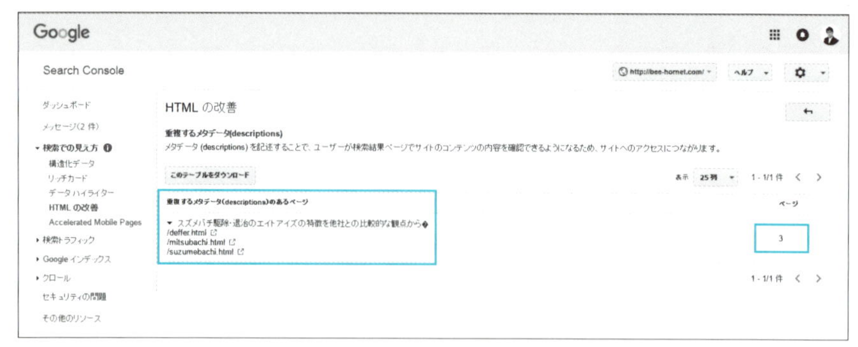

▲図4-4-2　重複するページの具体例

【Webページ全体について】

先ほどはhead内部のみでしたが、その他コンテンツ部分などの類似度を自動で判定してくれるツールを紹介します。

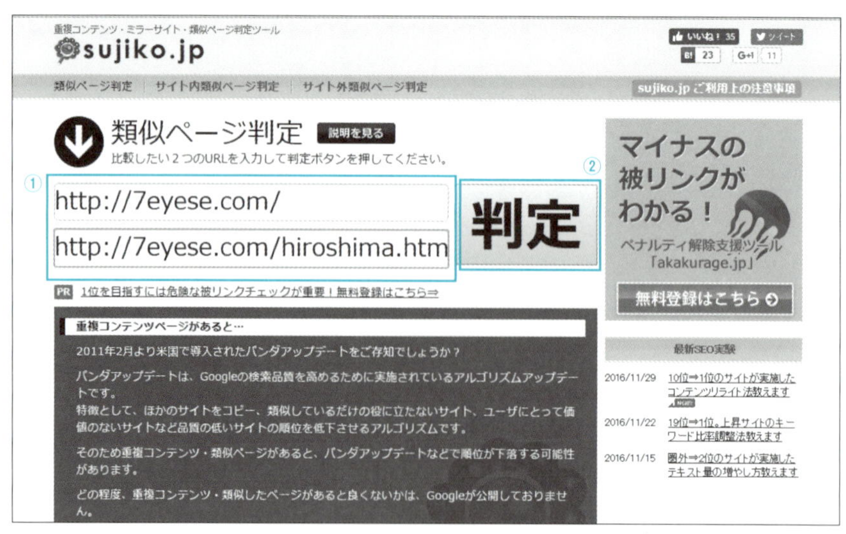

▲図4-4-3　sujiko.jp
【参照URL】http://sujiko.jp/

こちらのツールで、①のように2つのURLを入力し、②の判定ボタンを押すと、図4-4-4のように結果が表示されます。

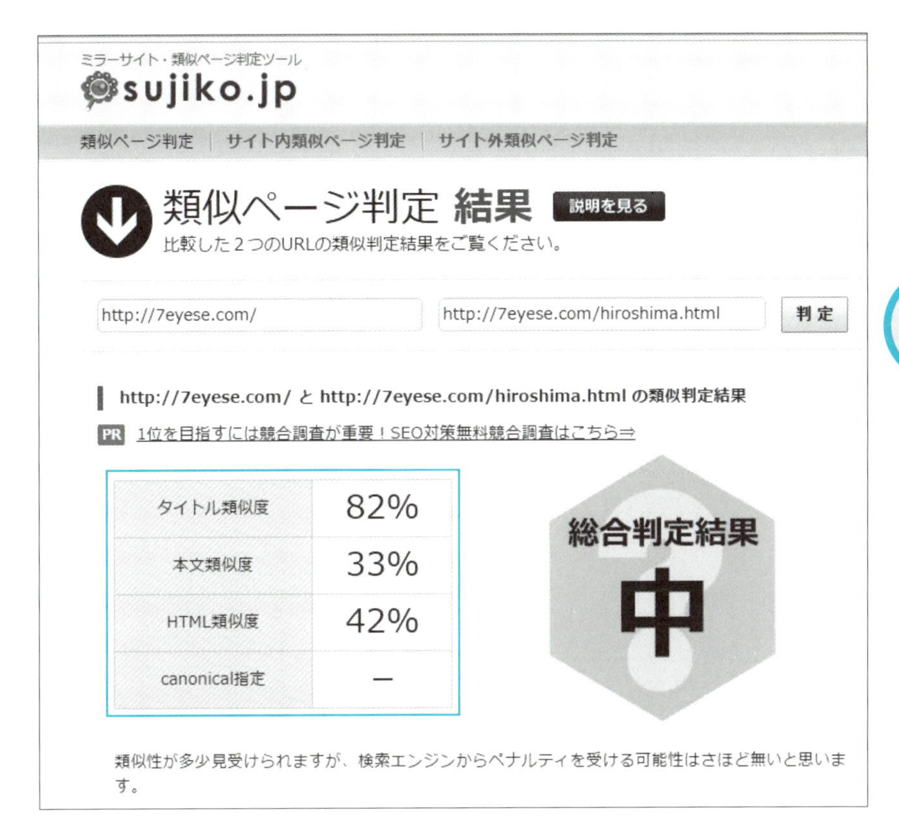

▲図4-4-4　sujiko.jpの判定結果

ここで、タイトルの類似度は82%となっていますが、さほど気にする必要はありません。目的に沿ったtitleを決定する際に、titleの節で示したような法則に基づいているのならば、自然に類似度は近くなる場合もあるからです（もちろん、100%は問題です）。

ちなみに、図4-4-4の例では、

①http://7eyese.com/　⇒「SEO対策　福岡」
②http://7eyese.com/hiroshima.html　⇒「SEO対策　広島」

これを狙った2ページですが、どちらもほぼ問題無く上位表示できています。

重要なのは、本文類似度です。こちらはそのWebページにもよりますが、現況、実験・検証の結果からは、同じWebサイト内部において、60%を超えなければ問題なさそうです。しかし用心のため、50%を目安に取り組んでみてください。

他社との比較も気になるところですが、こちらはコピーしてコンテンツを作成することなく、オリジナル記事を書き続ける限り、あまり気にする必要はないでしょう。

なぜなら、同じ題材やテーマで書いたページであるならば、少なからず類似度が上がるはずだからです。

【その他のチェックツール】

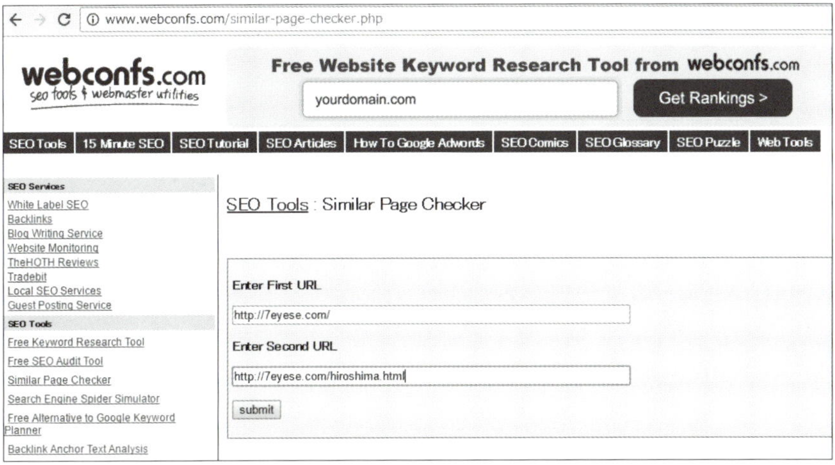

▲図4-4-5　webconfs.com
【参照URL】http://www.webconfs.com/similar-page-checker.php

こちらでも同様に、URLを入力のうえsubmitのボタンを押すと、類似率を比較できます。

補足

【URL表記に一貫性がない場合】

httpsとhttpや、index.htmlやwww.などが混ざっている場合は、301リダイレクトを行いましょう（3-3参照）。

【PCとモバイルでURLが異なる場合】

PC用ページのhead内に、「link rel=" alternate"・・・」でモバイル用ページを指定します。ちなみに、このrel="alternate" 属性は、PC用ページの代替URLを指定していることで、Googlebot が、サイトのモバイル用ページの場所を検出することができます。

```
<link rel="alternate" media="only screen and (max-width: 640px)"
 href="http://m.example.com/">
```

モバイル用ページのhead内には、「link rel=" canonical"・・・」でPC用ページを指定します。

```
<link rel="canonical" href="http://example.com/">
```

このように記述することで、PC、モバイルと2つのページが存在していても、コピーコンテンツとしてみなされることを回避できます。

参照URL：
https://developers.google.com/webmasters/mobile-sites/mobile-seo/configurations/separate-urls?hl=ja

【重複コンテンツが動的URLで生成する場合】

通販サイトにおいては、動的ページを用いて商品並べ替え変えることもあります。その際、同じ内容のコンテンツが複数存在してしまうことになります。

このような場合、元のページである「http://example.com/s/」から、次のように①、②と2種類のURLが作成されてしまったら、

①http://example.com/s/?t=u
②http://example.com/s/?v=w

①②それぞれのhead内部に次の記述を行うと、Googleの評価対象から外すことができ、重複ページがやむを得ず発生してしまう場合の回避策となります。

```
<link rel="canonical" href=" http://example.com/s/">
```

【複数のページに分割している場合】

Amazonのランキングページを参考に、説明していきます。

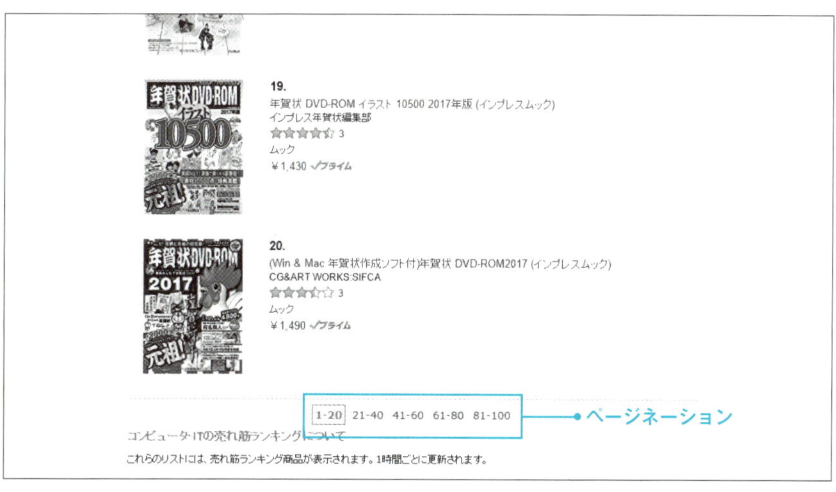

▲図4-4-6 Amazonのランキングページの例

図4-4-6のように、「1～20」「20～40」のように順位付けされてページが切り替わっています。

このように、ページが途中で切り替わる場合のベストプラクティスについて、Googleがウェブマスター向け公式ブログ内で指針を示しています。

参照URL：
https://webmaster-ja.googleblog.com/2013/05/5-common-mistakes-with-relcanonical.html

ここでは、次のような2つの手法が推奨されています。

・記事全体を 1 ページにまとめたページへの、「rel=canonical」リンクを各分割ページに指定する
・ページ指定マークアップ「rel="prev"」と「rel="next"」を使用する

※「rel="prev"」と「rel="next"」は、ページネーションタグと言います。

ここで、もしも1ページにまとめたページが存在しない場合で、しかも次のページ、

「1」http://example.com/seo1.html
「2」http:// example.com/seo2.html
「3」http:// example.com/seo3.html

この順序が、「1」⇒「2」⇒「3」の場合、head内部には複数のページに分けていることを指し示すために、それぞれのページ内部（headタグ）に対し

て、次のように記述しましょう。

「1」のhead内

```
<link rel="next" href="http://example/seo2.html">
```

「2」のhead内

```
<link rel="prev" href="http://example/seo1.html">
<link rel="next" href="http://example/seo3.html">
```

「3」のhead内

```
<link rel="prev" href="http://example.com/seo2.html">
```

最後に、ページネーションタグは、命令ほどの強制力はありません。加えて、重複コンテンツの判断を完全に避けきれるものでもありません。

そのため、以下のタグのユニーク化（独自の内容）をお勧めします。

① title
② meta要素
③ h1
④その他、可能ならばh2やその他の変更可能なエリア

SEOの施策はrobots.txtなど、強制力とまでは言い難いディレクション的な施策も多いため、安全な方法が求められます。

Summary まとめ

これまで述べてきたように、

①ツールを利用のうえ、理想値まで回避する

②ガイドラインに沿ったコピーコンテンツ回避手法を選択する

という2つの事項が、コピーコンテンツにおいては重要です。

4-5 W3Cでソースコードチェック

ソースコードを整えて、検索エンジンにマイナスイメージを与えない

ソースコードを整える

ソースコードは、コンテンツを支えるプラットフォームです。つまり、コンテンツを適切に検索エンジンに対して伝えるためにも、基盤がきちんと構築していなければ、そのうえのコンテンツをきちんとアピールすることはできません。

また、SEOの観点のみならず、ブラウザの補正力を超えるような表示バグは、閲覧ユーザーに対しても、大きなマイナスとなってしまいます。

なお、自身でソースコードを直接記述すると、どうしてもミスが発生してしまいがちですので、書き終えたら必ずソースコードチェックを行うようにしましょう。

チェックツールを紹介します。

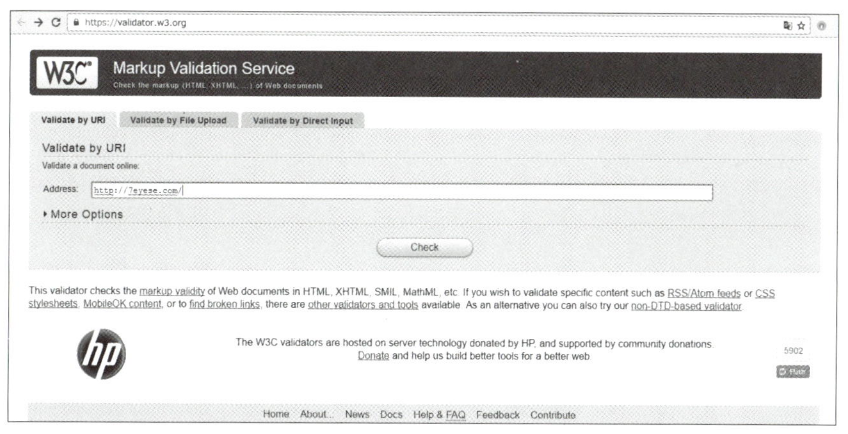

▲図4-5-1　W3C Markup Validation Service
【参照URL】https://validator.w3.org/

図4-5-1は、HTMLのエラー状態がないかを調べる「W3C Markup Validation Service」というW3Cの関連サイトです。Address覧にURLを入力して「Check」ボタンを押すと、問題無い場合は図4-5-2のように「Passed」と表示されます。

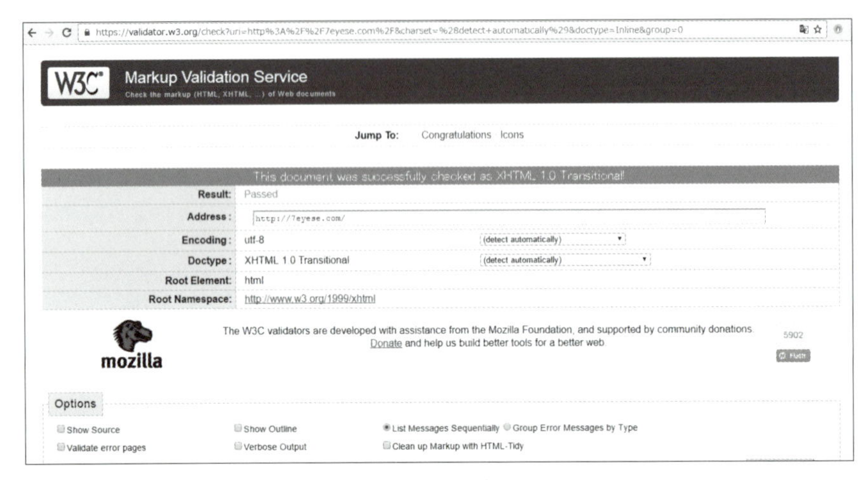

▲図4-5-2　HTMLソースコードにエラーがない場合の表示

ソースコードエラーがある場合は、図4-5-3のようにエラー表示と該当箇所を教えてもらえます。

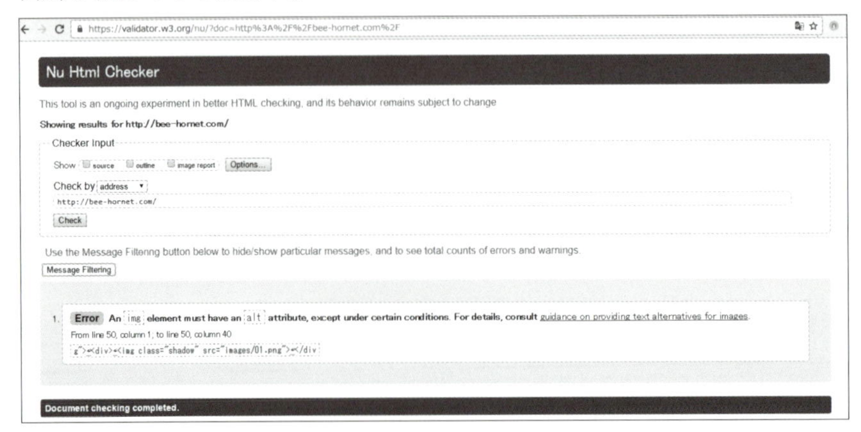

▲図4-5-3　HTMLソースコードにエラーがある場合の例

また、アップロード前のファイルもソースコードチェックができます。図4-5-4のように、「Validate by URI」から「Validate by File Upload」へタグ切り替えを行い、「ファイル選択」ボタンを押した後にファイルを選択します。その後同様に、「Checkボタン」を押します。

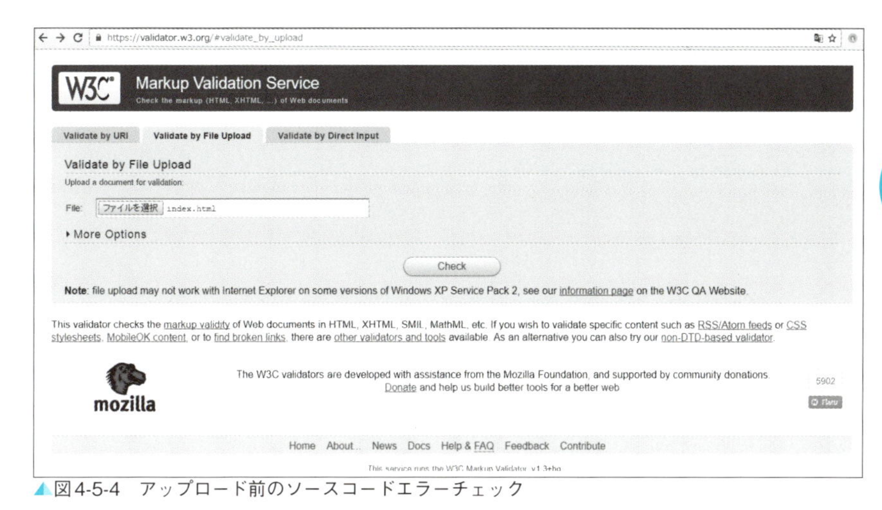

▲図4-5-4　アップロード前のソースコードエラーチェック

このようにアップロード前にチェックすると、閲覧者に迷惑を掛けることなく、手直しができるためお勧めです。それから、CSSのチェックもできます。図4-5-5の「CSS Validation Service」は、これまでの説明と同様の手法でエラーチェックが可能です。

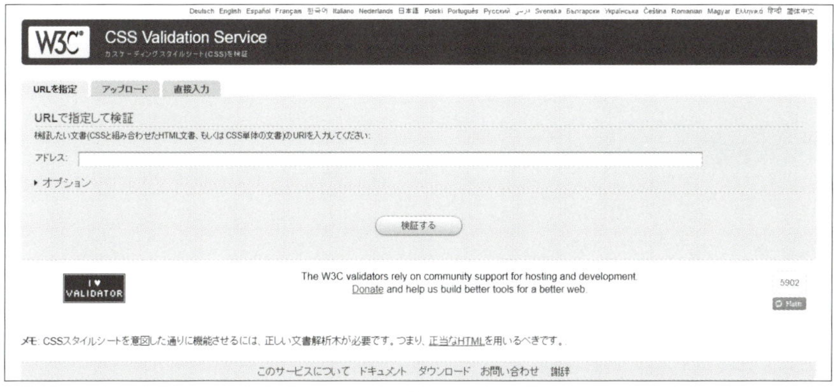

▲図4-5-5　CSS Validation Service　【参照URL】http://jigsaw.w3.org/css-validator/

また、図4-5-6の「Another HTML-lint」は、かなり厳しく診断するHTML5用のソースコードチェックサービスサイトです。

▲図4-5-6　Another HTML-lint　【参照URL】http://www.htmllint.net/html-lint/htmllint.html

ソースコードチェックサイトは、他にも色々とありますが、できるだけエラーを修正のうえ、SEOにおいての重しとならないよう、そして何よりもユーザーへの配慮として綺麗なソースコードを記述するよう心掛けていきましょう。

Summary まとめ

これまで述べてきたように、

①W3Cに準じて記述する

②ページ作成後、即チェックする

という2つの事項が、ソースコード記述においては重要です。

4-6 サイトマップを作成する

クローラへの配慮とアピール

サイトマップについて

ここ言う「サイトマップ」とは、ユーザー向けにサイトの利便性を向上させる目的のHTMLページではなく、検索エンジンのロボット向けsitemap.xmlのことを指しています。サイトマップが存在するWebサイトの場合、深い階層に位置するページであっても、クローラにページの存在などの情報を伝え、Webサイトを正確にクロールするうえで役立ちます。

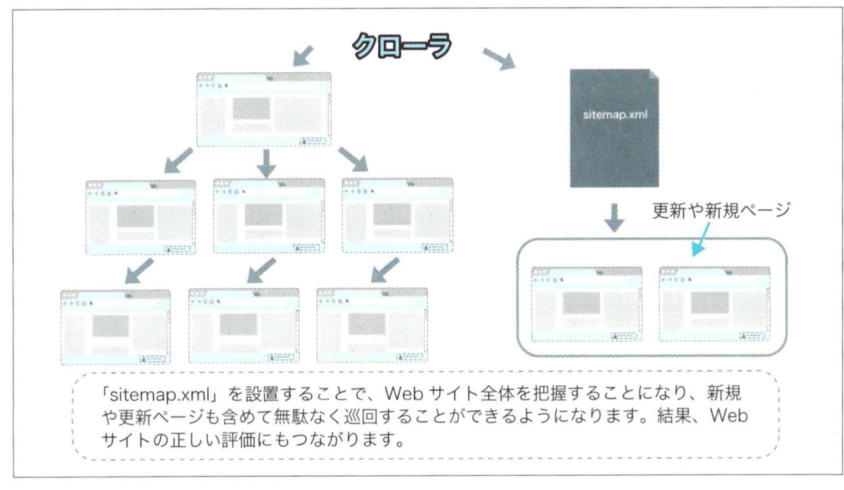

クローラ
sitemap.xml
更新や新規ページ
「sitemap.xml」を設置することで、Webサイト全体を把握することになり、新規や更新ページも含めて無駄なく巡回することができるようになります。結果、Webサイトの正しい評価にもつながります。

図4-6-1　クローラの巡回イメージ

サイトマップ（sitemap.xml）を設置することで、次のようなメリットが生じます。

①インデックス促進につながる
②検索エンジンからの流入増に貢献

特に、膨大なページで構成されているWebサイトにはサイトマップを用いるべきです。外部や内部リンクが未完成なページでも、図4-6-1のようなルートで、クローラに知らせることができます。

サイトマップ作成上の注意点

サイトマップを作成するにあたっては、次のような注意事項があります。

①サイズは圧縮しない状態で10MB以下（⇒分割）にする
②URLは50,000件以下（⇒分割）にする
③エンコードはUTF-8で作成する
④完全修飾URL（絶対パス）を使用する

※作成したファイルは、robots.txtによってGooglebotのアクセスを禁止してはいけません

これらの事項については、「Search Console ヘルプ」でも注意喚起を促していますので、ぜひ参考にしてみてください。

参照URL：
https://support.google.com/webmasters/answer/183668?hl=ja

なお、画像や動画などの情報も登録することができます。

画像情報の記述例内部は、2つの画像があるページ（http://a.com/

example.html）のサイトマップ記述を示しています。

その際、□内部は、

```
<image:image>
    <image:loc>画像の絶対パス</image:loc>
  </image:image>
```

このように“絶対パス”を記述します。

【画像情報の記述例】

```
<?xml version="1.0" encoding="UTF-8"?>
<urlset xmlns="http://www.sitemaps.org/schemas/
sitemap/0.9"
          xmlns:image="http://www.google.com/schemas/
sitemap-image/1.1">
  <url>
    <loc>http://a.com/example.html</loc>

（※画像情報のサイトマップ↓）
    <image:image>
      <image:loc>http://a.com/sea.jpg</image:loc>
    </image:image>

（※画像情報のサイトマップ↓）
  <image:image>
      <image:loc>http://a.com/lake.jpg</image:loc>
    </image:image>
  </url>
</urlset>
```

※実際の記述においては、ディレクトリ階層も注意してください。

また、沢山のページを保有している場合は、複数のサイトマップを束ねるサイトマップインデックスファイルを作成すると大変便利です。

```
<?xml version="1.0" encoding="UTF-8"?>
    <sitemapindex xmlns="http://www.sitemaps.org/schemas/
sitemap/0.9">
    <sitemap>
        <loc>http://www.example.com/sitemap1.xml</loc>
        <lastmod>ファイルの最終更新日を記述</lastmod>
    </sitemap>
    <sitemap>
        <loc>http://www.example.com/sitemap2.xml</loc>
        <lastmod>ファイルの最終更新日を記述</lastmod>
    </sitemap>
    </sitemapindex>
```

※2つのサイトマップを内包しています。

こちらは、「Search Console ヘルプ」にも仕様が開示されています。参考にしてみてください。

参照URL：
https://support.google.com/webmasters/answer/75712

その他の補足

【URLは正確に記述する】

サイトマップのURLはwwwあり・なしなど、正確に記述する必要があります。加えて、4-4のようにURLの正規化を行い、評価が分散しないようにしましょう。

【PCとモバイルでURLが異なる場合のサイトマップへの記述】

最近では、モバイル版の専用Webサイトも増えてきています。その際、PC用ページのhead内に「link rel=" alternate"」と記述することで、モバイル用ページを指定する必要があります。

ちなみに、この「rel="alternate"」属性は、PC用ページの代替URLを指し示すことで、Googlebotがサイトのモバイル用ページの場所を検出することができるようになります。

▼PCページのhead内部

```
<head>
 <link rel="alternate" media="only screen and (max-width: 640px)"
  href="http://m.example.com/page-1">
</head>
```

また、モバイル用ページのhead内には、「link rel=" canonical"」でPC用ページを指定します。

▼モバイルページのhead内部

```
<head>
 <link rel="canonical" href="http://example.com/page-1">
</head>
```

この記述により、重複ページとして認識されることを回避できます。
また、サイトマップを用いる場合には次のように記述します。

```
<?xml version="1.0" encoding="UTF-8"?>
<urlset xmlns="http://www.sitemaps.org/schemas/
sitemap/0.9"
xmlns:xhtml="http://www.w3.org/1999/xhtml">
<url>
<loc>http://www.example.com/page-1/</loc>
<xhtml:link
rel="alternate"
media="only screen and (max-width: 640px)"
href="http://m.example.com/page-1" />
</url>
</urlset>
```

このような記述を行うことで、PC、モバイル用ページの関係性を適切に理解のうえ、処理してもらえることができます。

なお、これまで多くのサイトを診ていく中で、PC向け各ページ全て、alternateでスマホのトップページを指定していることや、スマホ対応の全ページのcanonicalがPCトップページを指定している記述を見かけることがありますが、大事なのは、対応するページのURLを指定するということですので、きちんと確認しましょう。

サイトマップとRSS/Atomフィードをセットで使用する

ウェブマスター向け公式ブログでは、Googleは、最適なクロールを行ううえで、(XML) サイトマップのみならず、RSS/Atomフィードの両方を使用することを推奨しています。

なお、サイトマップがすべてのURLが含まれていることに対して、フィードの特徴は、最新の更新URLのみであることから、新たなページを追加したり既存のページのコンテンツに大切な更新を加えたりした場合、フィードは大変重要な要素となっています。

▼RSS フィードの例

```
<?xml version="1.0" encoding="utf-8"?>
<rss>
 <channel>
   <!-- other tags -->
   <item>
     <!-- other tags -->
     <link>http://example.com/a</link>
     <pubDate>Mon, 24 Jun 2015 18:31:00 +0100</pubDate>
   </item>
   <item>
     ...
   </item>
 </channel>
</rss>
```

Atom フィードの例

```
<?xml version="1.0" encoding="utf-8"?>
<feed xmlns="http://www.w3.org/2005/Atom">
 <!-- other tags -->
 <entry>
   <link href="http://example.com/mypage" />
   <updated>2015-06-24T18:31:00+01:00</updated>
   <!-- other tags -->
 </entry>
 <entry>
   ...
 </entry>
</feed>
```

ところで、作成の手間を省くための、「Fumy RSS & Atom Maker ～RSSフィード自動作成ソフト～」というツールがありますので、ぜひ使ってみてください。

以下のURLより、ダウンロードできます。

参照URL：http://www.nishishi.com/soft/rssmaker/

さらに、念の為・・・「urllist.txt」も併用することもおすすめします。作成は、「XML-Sitemaps.com (https://www.xml-sitemaps.com/)」内で、簡単に完成させることができます。

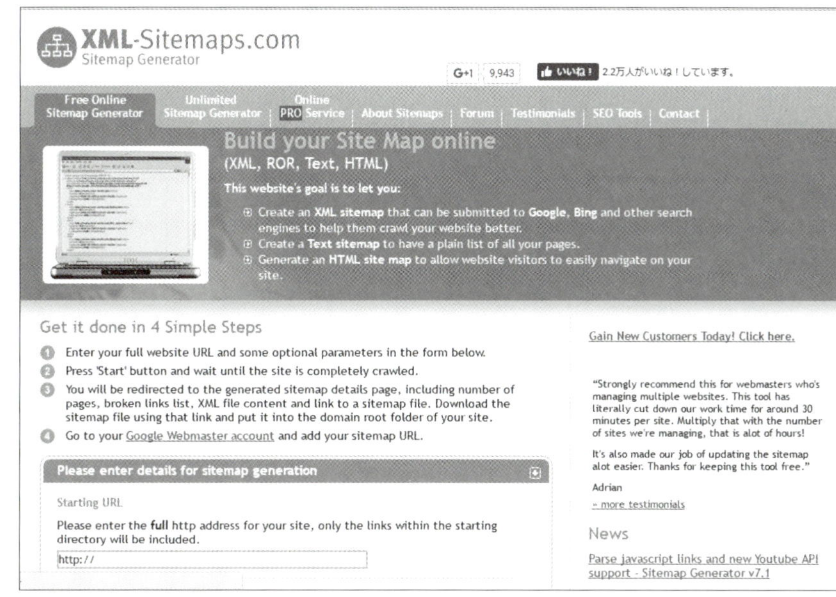

▲図4-6-2 XML-Sitemaps.com

図4-6-2の中で、URL入力のうえ、条件を選択し「Start」ボタンを押すと、自動で作成してくれます。

ただし、画像情報挿入などの修正は必要となります。

サイトマップやフィードの送信

サイトマップやフィード等を作成・アップロードしたら、送信して終了です。

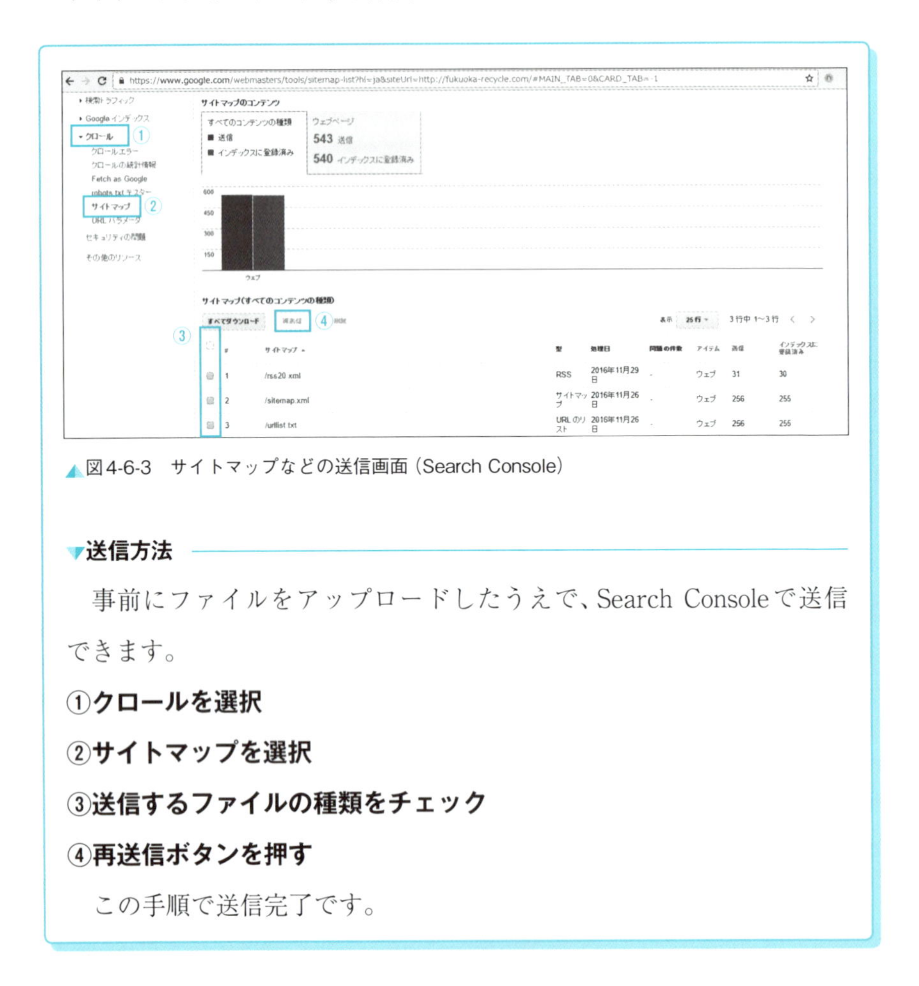

図4-6-3　サイトマップなどの送信画面（Search Console）

送信方法

事前にファイルをアップロードしたうえで、Search Consoleで送信できます。

①クロールを選択

②サイトマップを選択

③送信するファイルの種類をチェック

④再送信ボタンを押す

この手順で送信完了です。

このように、Webサイトの構造を検索エンジンにわかりやすく示していくようにしましょう。

Fetch as Googleを利用してインデックスを促進させる

サイトマップなどとは別に、ページごとに個別でインデックス促進させる手法があります。

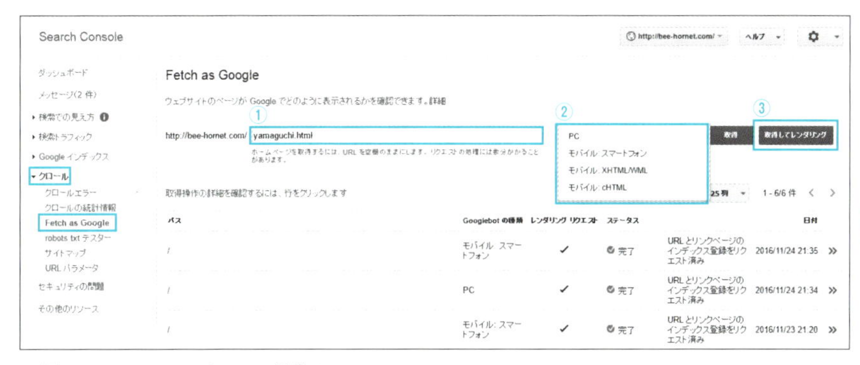

▲図4-6-4　Fetch as Google-操作1

図4-6-4のように、Search Console内の「クロール」⇒「Fetch as Google」の画面に進みます。その後、

①ページ名を入力
②PC、モバイル:スマートフォン等の選択
③取得してレンダリング

という流れで進むと、図4-6-5のように項目が増えます。

パス	Googlebot の種類	レンダリング リクエスト	ステータス		日付	
/yamaguchi.html	PC	✓	完了	インデックス登録をリクエスト	2016/11/29 0:49	»
/	モバイル: スマートフォン	✓	完了	URL とリンクページのインデックス登録をリクエスト済み	2016/11/24 21:35	»
/	PC	✓	完了	URL とリンクページのインデックス登録をリクエスト済み	2016/11/24 21:34	»
/	モバイル: スマートフォン	✓	完了	URL とリンクページのインデックス登録をリクエスト済み	2016/11/23 21:20	»
/	PC	✓	完了	URL とリンクページのインデックス登録をリクエスト済み	2016/11/23 21:20	»
/	モバイル: スマートフォン	✓	完了	インデックス登録をリクエスト済み	2016/11/06 1:10	»

▲図4-6-5　Fetch as Google-操作2

その後、「インデックス登録をリクエスト」というボタンを押すと、図4-6-6のように画面が遷移します。

▲図4-6-6　Fetch as Google-操作3

また、図のように「私はロボットではありません」の認証チェックボタンを押して、「このURLと直接リンクをクロールする」のラジオボタンをチェックのうえ、送信ボタンを押すと、追加項目として図4-6-7のように反映されます。

パス	Googlebot の種類	レンダリング リクエスト	ステータス		日付	
/yamaguchi.html	PC	✓	完了	URLとリンクページのインデックス登録をリクエスト済み	2016/11/29 0:49	»
/	モバイル: スマートフォン	✓	完了	URLとリンクページのインデックス登録をリクエスト済み	2016/11/24 21:35	»
/	PC	✓	完了	URLとリンクページのインデックス登録をリクエスト済み	2016/11/24 21:34	»
/	モバイル: スマートフォン	✓	完了	URLとリンクページのインデックス登録をリクエスト済み	2016/11/23 21:20	»

▲図4-6-7　Fetch as Google-操作4

このように、いくつかクローラに対するアピール方法がありますので、ガイドラインに沿って正しく施策を行っていきましょう。また個人的には、この手法は個別で行うので大変ではありますが、インデックス登録では最も早いと感じる手法であり、変更のうえ、早期に反映したい場合はお勧めです。

Summary まとめ

これまで述べてきたように、

①ガイドラインに即して使用する

②フィードと併用する

という2つの事項が、サイトマップにおいては重要です。

最新版!
これからの
SEO
内部対策
本格講座

SEO外部対策の現状はどうなっているのか？

5-1 被リンクの数と種類を把握し対策を講じる

被リンク全体のバランスを整えるのが重要

被リンクの現状

外部のWebサイトから自身のWebサイトに向けてのリンクのことを、被リンクと言います。

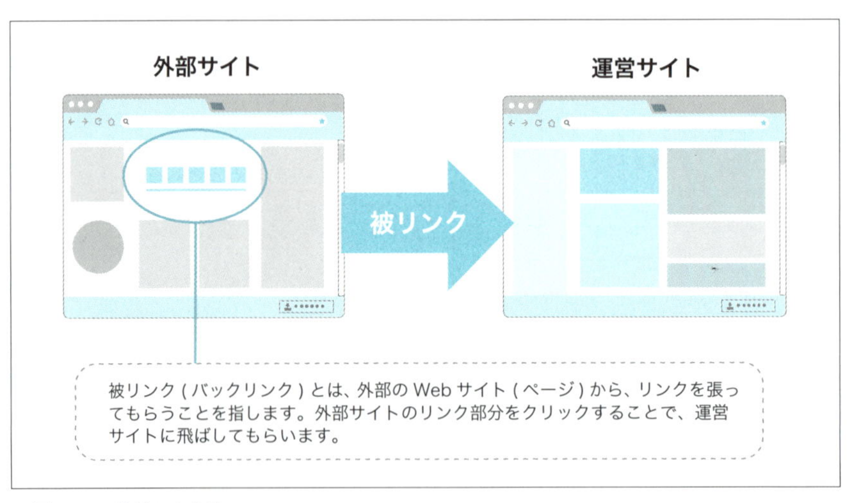

▲図5-1-1　被リンクとは

この被リンクの数や種類を確認するには、Google Search Consoleの中で、「検索トラフィック」⇒「サイトへのリンク」へと進んでいくと、図5-1-2のようにWebサイトに向けて張られている被リンクの一覧を確認することができます（サイトへのリンクは、被リンクと同義です）。

▲図5-1-2　サイトへのリンク一覧

外部対策とは、簡単に表現すると、この被リンクを増やすことを指しています。Webサイトそのものを改善する施策ではなく、Webサイトの外部から行っていくSEO施策のことです。一般的には、サイトの評価を高めることで、他のサイトからのリンクを得るための施策のことを指しますが、業界の内情としては、故意にリンクを張っていく手法が多数を占めているようです。

ただ、外部サイトからリンクを張っていくうえで、次のことに注意しなければいけません。

▼「Search Console ヘルプ」

参照URL：
https://support.google.com/webmasters/answer/66356?hl=ja
一部抜粋：「PageRank や Google 検索結果でのサイトのランキングを操作することを意図したリンクは、リンク プログラムの一部と見なされることがあり、Google のウェブマスター向けガイドライン（品質に関するガイドライン）への違反にあたります。これには、自分のサイトへのリンクを操作する行為も、自分のサイトからのリンクを操作する行為も含まれます。」

ここで、TwitterやFacebookなどのソーシャルメディアで、話題性に富んだ内容や役立つ記事を書いて拡散させることで、結果としてリンクを得るという場合もありますが、この手法のみに頼ることには大きな疑問が残ります。なぜなら、役立つコンテンツだからといって、リンクを張ってもらえるとは限りません。また、良質なリンクを張ってもらえるとも限らないからです。

だからこそ、

外部対策は、自前の被リンクを軸に据えるべきなのです。

良くも悪くも、他の人に自分のWebサイトのかじ取りを任せることは、とても怖いことなのです。

被リンクを張るうえでの概念

前述のように、Webサイトは単体で保有・運営するのではなく、衛星サイトなど複数保有することをお勧めします。

図5-1-3のように、衛星サイトを駆使すると、色々な検索からの接点が生まれるため、流入口の確保など、守備範囲を広く保つことができます。

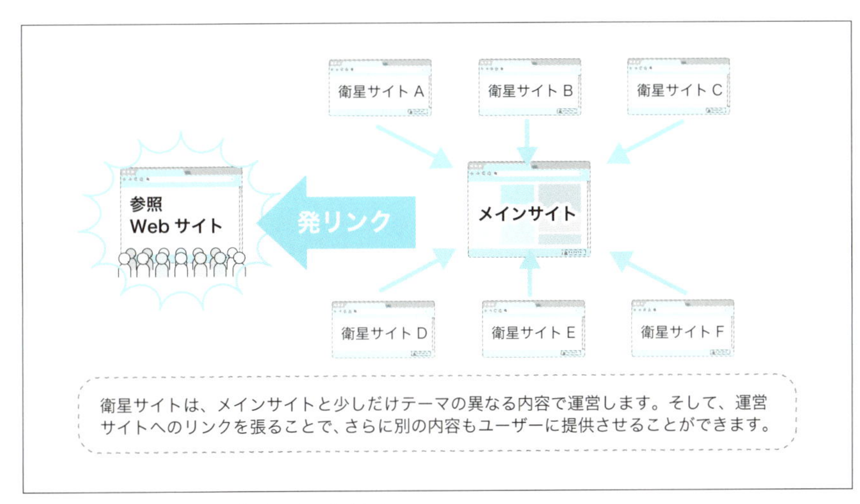

図5-1-3　複数サイトの保有とその関係図

このように複数サイトを保有すると、ユーザーが欲している情報を、深いだけではなく広く提供することができるため、被リンクを受けたWebサイトが、結果としてGoogleからの高評価を受けることができるのです。

また同様に、自サイトの情報だけで欲しい情報が得られるかというと、決して十分とは言えない現状が往々にしてあります。そのため、図5-1-3の本体サイトから、他のWebサイトへリンクを張って紹介するなど、現在のWebサイトに不足している情報・内容を補完できるようなサイトを紹介することも必要です。

つまり、図5-1-4のように、外部のWebサイトであっても複数サイトで連携のうえ、情報を補っていくことが求められているのです。

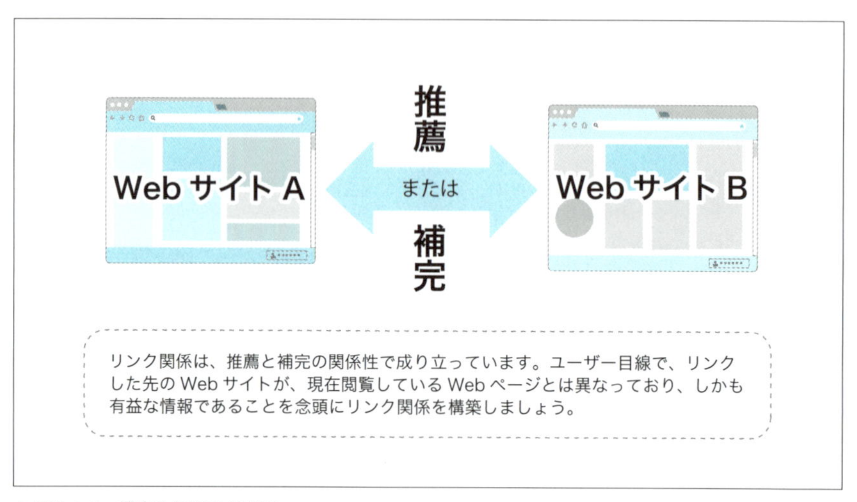

推薦
Webサイト A
または
Webサイト B
補完
リンク関係は、推薦と補完の関係性で成り立っています。ユーザー目線で、リンクした先のWebサイトが、現在閲覧しているWebページとは異なっており、しかも有益な情報であることを念頭にリンク関係を構築しましょう。

▲図5-1-4　補完と推薦の関係性

なお、外部のサイトや衛星サイトなどからリンクを得ることは、そのWebサイトからの"推薦票"や"支持票"を意味しています。例えば、色々な切り口から考案された衛星サイトから、より詳しい軸となる情報を紹介することは、ユーザーのためにもなることから、推薦するに相応しいという流れが自然にできあがっています。

このように、

ユーザーのためになるなら、自作自演のリンクでも問題はありません。

このように外部対策は、リンクを張る意味を理解することが第一歩となります。ユーザーのためになるのか、リンク関係のつながりは妥当なのか、という一貫性があるのならば、自作自演であることがNGであるわけでないのです。

外部リンクが必要な理由と内部対策との関係性

多くの方が疑問に思うのではないかと思いますが、なぜ内部対策だけではダメなのか、その理由をご存知でしょうか？

考え方としては、重量挙げの競技に似ている部分があります。

重量挙げは持ち上げた重量で勝敗が決定します。ただ、持ち上げるだけの力がなければ、競技で勝つことはできません。

何を言いたいのかというと、持ち上げる力(内部)がしっかりしていなければ、どんなに重たい（多くのリンクを張って）も、自分自身（Webサイト）がつぶれてしまい、効果があらわれるばかりか、結果として逆効果になることもあるのです。

このように、

①内部のコンテンツが役に立つこと
②検索エンジンにわかりやすい構造であること

という内部対策が基本となっていますが、この要素だけでは不十分なのです。

なぜなら、現在の検索エンジンは、未だ人間のように文意をきちんと読み解くことができません。使用されている言葉により、文意を推理することはできていても完全理解とは至らないため、これだけではどの程度の価値があるのかについて、情報があることは理解していても自信を持てないのです。

それを判断する材料として、外部リンクという指標を用いています。

実際、Googleも被リンクが上位表示に必要であることも示唆しています。ただ筆者としては、現時点では未だ被リンクが必要であることは事実としてあるのですが、ハミングバードアップデートなど、文意を理解できるような技術革新が進むにつれて、その度合いもかなり低くなるだろうと予想しています。

そのため、内部対策ありきであることを強くお伝えしたいと思います。

Summary まとめ

これまで述べてきたように、

①衛星サイトも駆使して、ユーザーのためになるサイト群を形成する

②内部対策ありき

という2つが事項が、外部対策を行う際には重要です。

5-2 被リンクの基本設計を行う

被リンクの設計で必要なこと

数の観点から見る被リンクの指標

例えば、図5-2-1は被リンクの数を比較した図です。

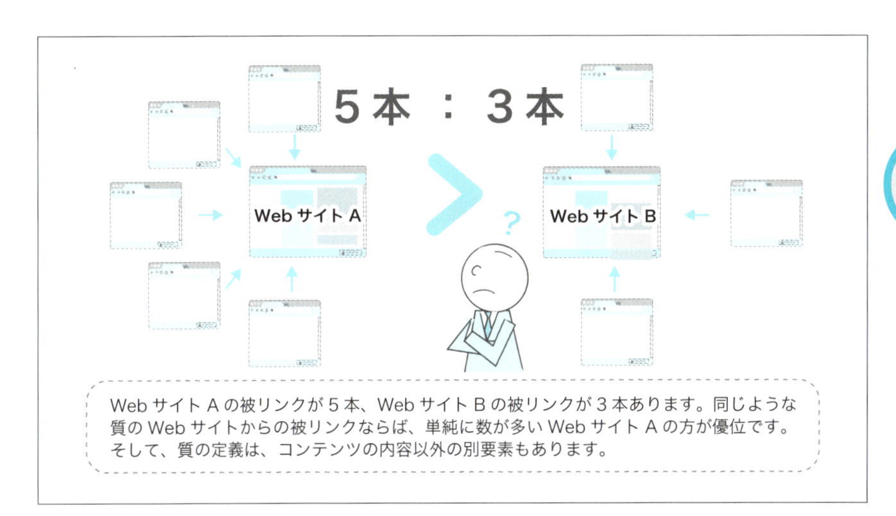

5本 ： 3本
Webサイト A
Webサイト B
?
Webサイト A の被リンクが 5 本、Web サイト B の被リンクが 3 本あります。同じような質の Web サイトからの被リンクならば、単純に数が多い Web サイト A の方が優位です。そして、質の定義は、コンテンツの内容以外の別要素もあります。

▲図5-2-1　被リンクの比較図

左側のWebサイトが5本、右側が3本の被リンクとなっています。単純に数だけならば、左側のWebサイトの方が外部対策としてSEO的にも優位となるのですが、実際には異なっています。なぜなら、直接張られているリンクだけでは判断できないからです。

もう少し枠を広げて、リンク関係を見ていきます。

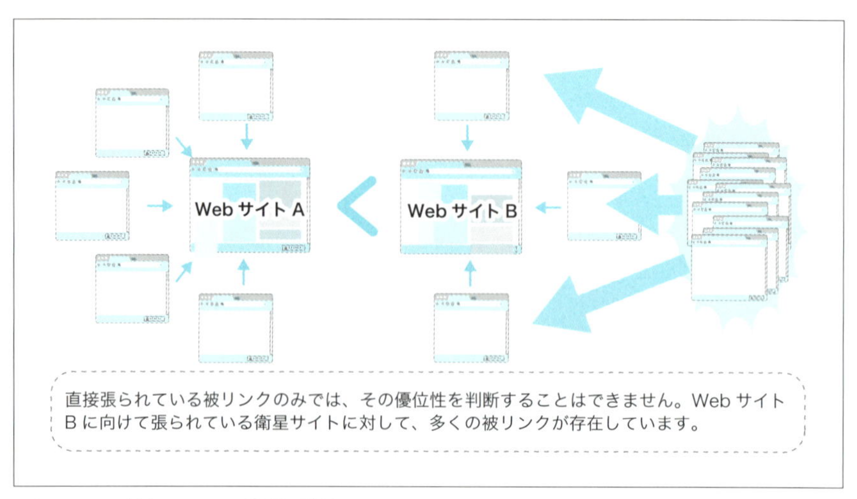

Webサイト A
Webサイト B
直接張られている被リンクのみでは、その優位性を判断することはできません。Webサイト
Bに向けて張られている衛星サイトに対して、多くの被リンクが存在しています。

▲図5-2-2　広域でのリンク関係の比較

左と右の直接張られているリンク数だけを比較すると、5本：3本で左側の方が優勢なのですが、直接張られていないリンクまでを比較すると、右側のサイトの方は多くのリンクが集まっていることがわかります。

このように間接的であっても、多くのWebサイトからの支持を得ていることから、被リンクの評価は右側の方が高いと言えるのです。単純に、直接張られているリンクだけでは判断できないのです。

質の観点から見る被リンクの指標

広域に見て、Web全体としてリンクが集まっていたとしても、リンクの集まり具合だけでは被リンクの効果を純粋に評価することはできません。実は、量（数）よりも質を評価され、中身の濃い1サテライトサイトが、中身の薄い10サイトの評価を超える場合もあります。

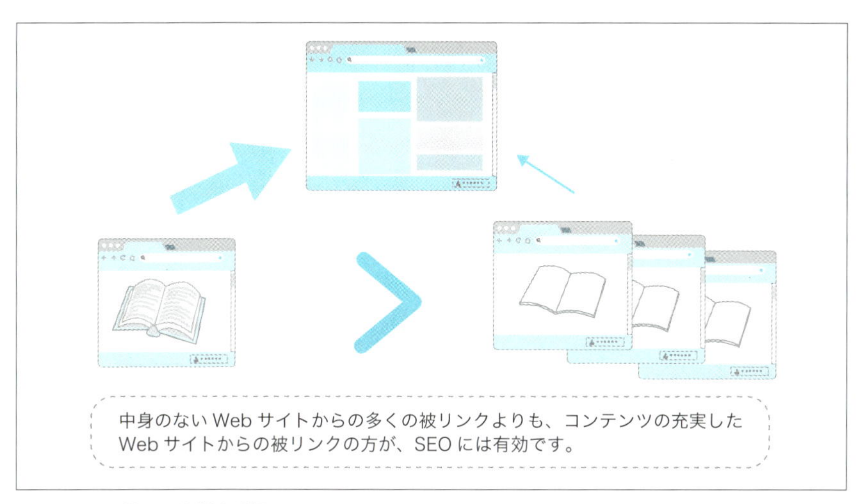

中身のないWebサイトからの多くの被リンクよりも、コンテンツの充実したWebサイトからの被リンクの方が、SEOには有効です。

▲図5-2-3 数よりも質を重視したリンク

このように、内部だけではなく外部対策においても、数から質への時代へと移り変わりつつあります。また、外部対策としての衛星サイトは、SEOのみの目的のみならず、少しテーマの異なる切り口でWebサイトを立ち上げることで、新たな流入口を確保することにも繋がっています。

これが、ロングテールという考え方です。

しばしば、内部対策で用いられる手法ですが、内部という枠組だけではなく、外部対策も含めた枠で検討することで、より多くの複数キーワードからの流入や、リスク分散にも繋がります。逆に、衛星サイトなどの外部対策も自前で行うからこそ、より広域で管理することができるようになるのです（集客にもプラスです）。

例えば、SEOに関わるテーマでWebサイトを運営しているならば、その「SEO」に関わる少し切り口の異なる内容を主とした「Webデザイン」や

「コーディング」といったテーマで衛星サイトを立ち上げ、関連する「SEO」へリンクを繋げることは自然な流れであり、SEO効果のみならず、ユーザーにとっても利便性の高いWebサイト群となるのです。また、全体としては「Web」というカテゴリー内部に収まっています。

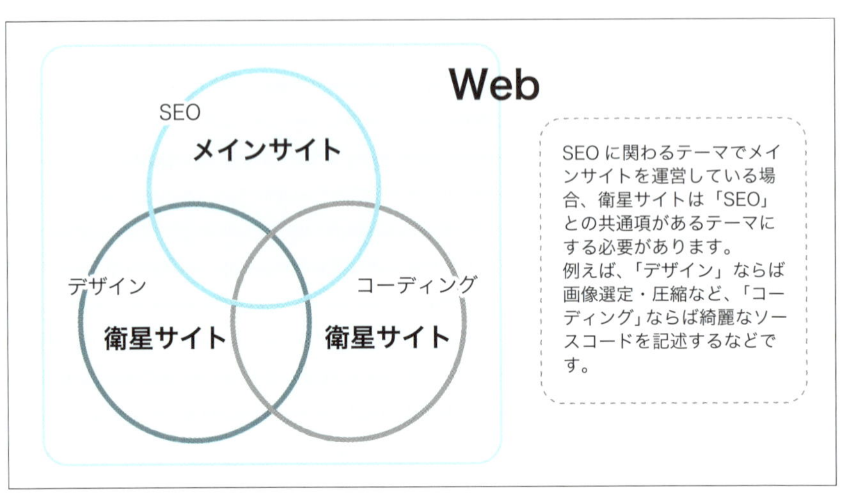

▲図5-2-4　本体サイトと衛星サイトとの立ち位置

このように、衛星サイトも自身で管理すると、多くのメリットをもたらすことができます。

Summary まとめ

これまで述べてきたように、

① 数だけではなく質も重視する

② ロングテールと本体サイトとの関係性を意識する

という2つの事項が、被リンクを設計する際には重要です。

5-3 アンカーテキストの比率を分散させる

自前でも自前と悟られないような工夫

アンカーテキストの書き方

外部からアンカーテキストを書く上での留意点を解説します。

アンカーテキストとは、リンク内部に含める文言のことです。

```
<a href="リンク先のURL">アンカーテキスト</a>
```

なお、アンカーテキストを記述する際には、次の4項目に注意しなければいけません。

①キーワードを含める
②同義・類語または共起など、関係性のある言葉を含める
③書き方を変える
④簡潔に書く

このような制限のもとで記述することが、最も効果的です。

具体的には、次のようなことに気を付けていきましょう。

【①と③について】

例えば、「SEO対策」というキーワードで上位表示を狙う場合、アンカーテキスト部分を、「SEO対策の概要」、「SEO対策の手法」、「SEO対策の仕組

み」のように言い回しを変えることで、関連の様々な言葉で流入させることができます。加えて、重複を避けることは、故意にランキング操作を行っていると見なされることもないため、ペナルティ回避にもつながります。

ここで、「SEO対策＋○○」でどのような複合語での需要があるかも確認しましょう（リンク先のコンテンツが一致していることも重要です）。

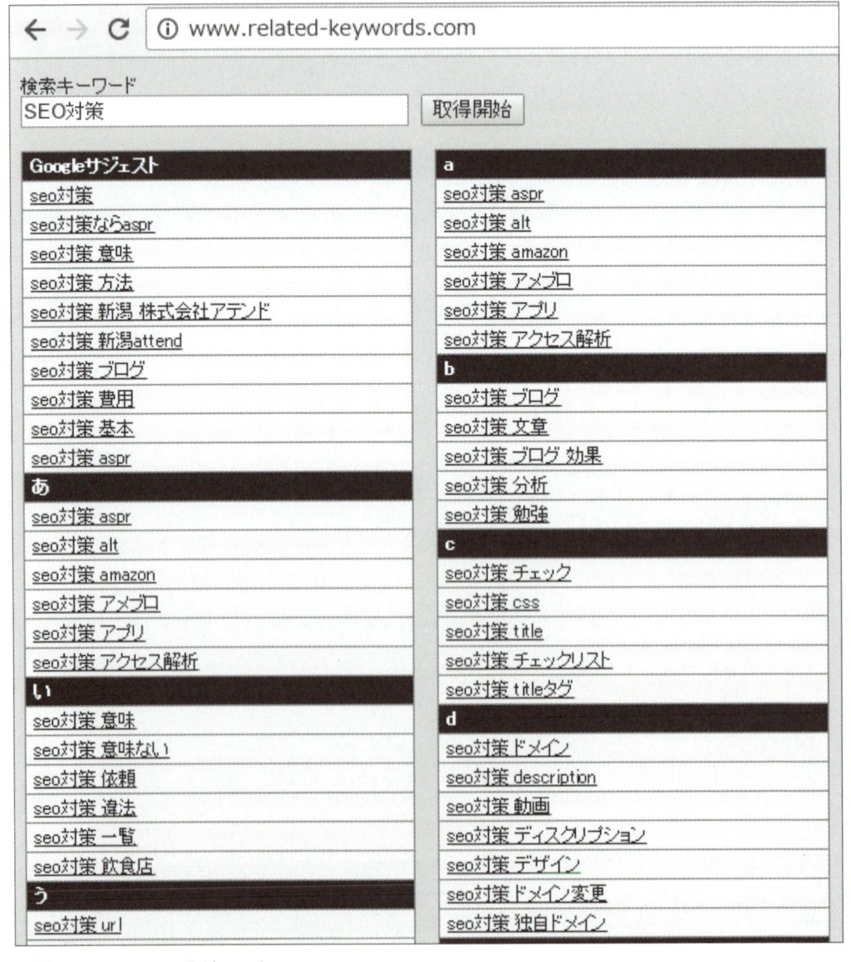

▲図5-3-1　Googleサジェスト
【参照URL】http://www.related-keywords.com/

図5-3-1のツール内部でキーワードを入力して、「取得開始」ボタンを押すなど、検索需要を発掘することができます。

なお、Googleサジェストとは、よく検索されるキーワードのことです。

【②について】

同義語とは、言葉のニュアンスや意味が同じで、異なる言い回しの言葉のことです。類義語とは、言葉の意味が極めて近い言葉のことです。

これを抽出できるツールを紹介します（図5-3-2）。

▲図5-3-2　Weblio 類語辞典
【参照URL】http://thesaurus.weblio.jp/

入力覧にキーワードを入力後、「項目を検索」ボタンを押すと、次のように抽出されます。

サーチエンジン対策、searchengineoptimization、エスイーオー、Search Engine Optimization、検索エンジン最適化、search engine optimization、検索エンジン対策、サーチエンジン最適化

つまり、「SEO」という言葉を「検索エンジン最適化」という言葉で言い換えて、アンカーテキストとして用いても有効です。

また、共起関係の言葉でも大丈夫です。図5-3-3を見てください。

▲図5-3-3　共起語検索調査ツール
【参照URL】https://www.sakurasaku-labo.jp/tools/cooccur

【④について】

アンカーテキスト内は、簡潔な文言の方が効果は高くなります。

▼**良い例**

```
<a href="リンク先のURL">SEO対策の本質</a>
```

▼**悪い例**

```
<a href="リンク先のURL">SEO対策の本質を学ばなければいけません</a>
```

アンカーテキスト以外のリンク

全ての被リンクがアンカーテキストというのも不自然です。中には、テキストではないURLのリンクも行いましょう。

```
<a href="リンク先のURL">リンク先のURL</a>
```

ちなみに、アンカーテキストでなくても被リンクの効果はあります。

色々な種類のリンクを多用させることで、不自然さを回避させることができます。

Summary まとめ

これまで述べてきたように、

①分散させる

②アンカーテキストの書き方を注意する

という2つの事項が、アンカーテキストでは重要です。

5-4 被リンクと時間軸との関係性

自然なリンク増を仕掛ける

自然な被リンクとは

紹介や推薦など、他の方の支持により自発的に張ってもらったリンクをナチュラルリンクと言います。このナチュラルリンクの特徴として、リンクが徐々に増加する傾向があります。なぜなら、何か特別なことでもない限り、急増する可能性は限りなく低いからです。

ちなみに、TwitterやFacebookなど拡散しやすいSNSツールもありますが、そのものは被リンクとして直接的な効果はありません。つまり、Webサイトやブログなどから張ってもらうことではじめて、被リンクとなり得ます。

だからこそ、急激に増える背景を考えると不自然さは否めません。

前提として

リンクを張るページは、推薦や紹介の意味を持っています。このような事情にも関わらず、リンク先のページに何も情報がないということであれば、かなり不自然です。つまり、内部コンテンツが充実していることが前提となるのです。

なお、これまで実験したWebサイトの中では、被リンクにより一時的に順位が急上昇した事例もあるのですが、内部対策、特にコンテンツがきちんとできあがっていないWebサイトは、乱高下・急落しやすい傾向にあるようです。

被リンクの増加計画策定

被リンクを増やしていく上で、次のように行っていきます。

【年間計画】

1年間という期間でならば、徐々に増えていくというのが、自然な流れだと言えます。

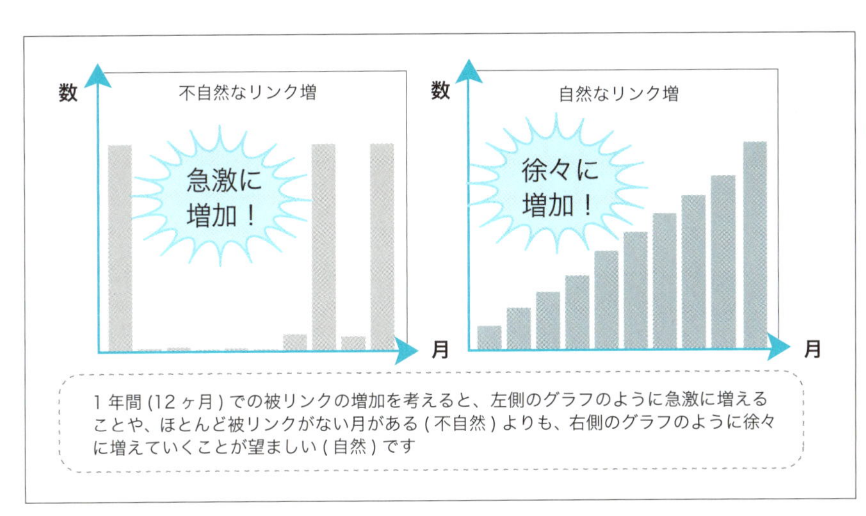

▲図5-4-1　自然と不自然なリンク増

図5-4-1の左側は、月により急激に増減しています。対して、右側は少しずつ増えてきています。リンクが張られる背景を想像すると、とても不自然なのです。

【月間計画】

年間計画とは矛盾すると思いますが、例えば、1日1本ずつというような規則的すぎるリンク増加計画は、あまりにも不自然すぎます。特に、SEO会社でこのような傾向があるようですが、このように規則的すぎる計ったようなリンク増加は、Googleから見られているのではないかと懸念します。

作為的とみなされないよう、1日目が3本ならば、2日目や3日目は0本など、乱数となるよう、逆に管理していく必要があります。

最後に、リンク以外にも言えることですが、自然さという観点を気にしながら施策していくことは、とても大切です。

Summary まとめ

これまで述べてきたように、被リンクを増加させていく上では、自然さを基本に、

①年間計画を立てる

②月間計画を立てる

という2つの事項が重要です。

5-5 Webサイト全体としてのリンク設計

これまでのまとめ：実践と応用

ドメイン分散させる

同じドメインからの被リンクのみではなく、複数のドメインを多用することで、Googleからの高評価を受けることができます。なぜなら、ドメインが限られている場合、人間社会と同様、数少ない人からしか支持されていないことと同じなのです。

これでは、ランキングを操作するGoogleも品質指標の面で迷ってしまうのです。

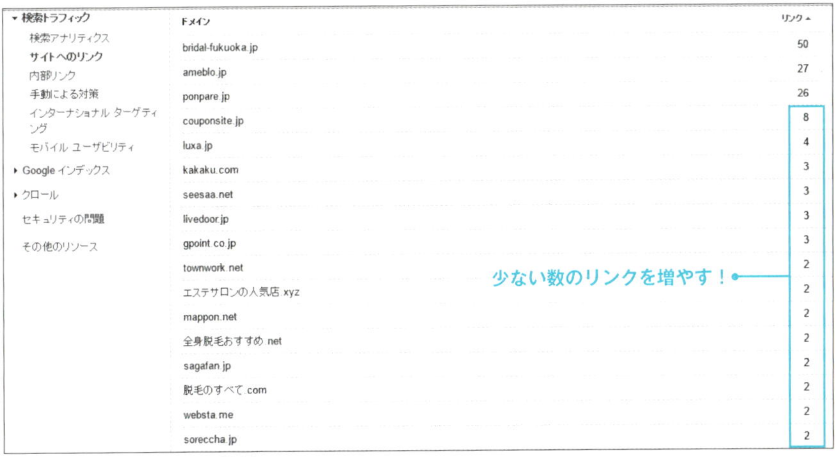

▾ 検索トラフィック
検索アナリティクス
サイトへのリンク
内部リンク
手動による対策
インターナショナル ターゲティング
モバイル ユーザビリティ
▸ Google インデックス
▸ クロール
セキュリティの問題
その他のリソース

ドメイン	リンク ▴
bridal-fukuoka.jp	50
ameblo.jp	27
ponpare.jp	26
couponsite.jp	8
luxa.jp	4
kakaku.com	3
seesaa.net	3
livedoor.jp	3
gpoint.co.jp	3
townwork.net	2
エステサロンの人気店.xyz	2
mappon.net	2
全身脱毛おすすめ.net	2
sagafan.jp	2
脱毛のすべて.com	2
websta.me	2
soreccha.jp	2

少ない数のリンクを増やす！

▲図5-5-1　被リンクの分散例

お勧めの手法は、まず新規ドメインを増やし、その後少ないリンク数のドメインサイトをある程度均等に増やしていく手法です。ただ、強いドメインのサイトからのリンクを優先して増やしていきましょう。

有効戦術となる外部リンクの手法

これまで説明してきた内容も振り返っていただきたいのですが、中身のない立ち上がったばかりのWebサイトに対して、多くのリンクを張ることはご法度です。

また、内部対策ありきであると説明してきましたが、内部対策がきちんと終えないと、外部対策は行う必要が無いのかというとそういうわけではありませんし、有効な手法があります。

【間接リンクを増やす】

立ち上がった（公開した）ばかりのWebサイトや、まだまだこれからページを増やさなければいけないようなサイトに対して、被リンクが増え続けることはとても不自然です。

その場合、既存の衛星サイトに対してリンクを張る手法がお勧めです。

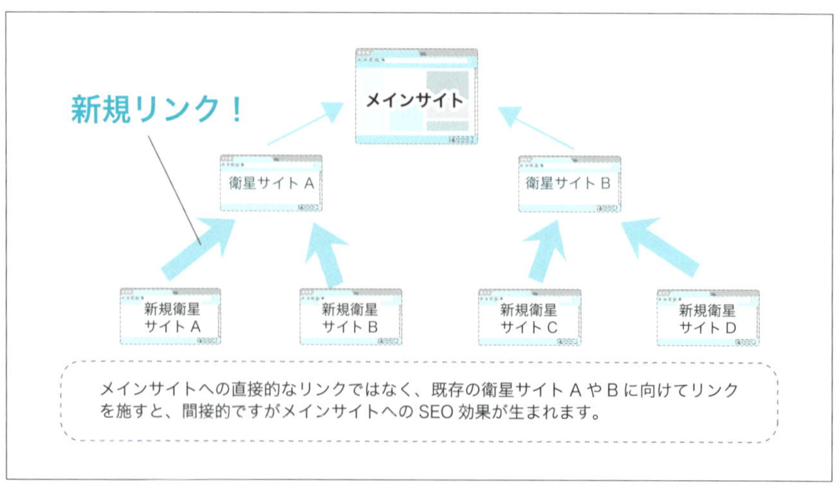

▲図5-5-2　衛星サイトに向けて、さらにリンクを張る

このように、衛星サイトに向けてリンクを張ることで、先に示した数の論理にもかなっていますし、何よりもこの手法は、SEO効果として良い部分だけを抽出してメインサイトの評価を上げることができるのです。

メインサイトに対しての、直接的な施策ではないことから何かのマイナス要因となった場合も悪影響はほぼありません。つまり、既存の衛星サイトがろ過装置のような役割を果たしてくれるのです。

【衛星サイトを育てる】

前述のように、衛星サイトからのリンクを張るうえで質が前提となります。だからこそ、衛星サイトと上位表示させたい本体サイトとの間には、両方を育てるまでリンクを張らずに、それぞれを育てた後にリンクを張ることで、上位表示にとても良い効果をもたらします。

急いで張ることばかり目を向けるのではなく、それぞれ個としてのパワーを付けた後に、リンク関係を築けることで、大きな力となるのです。

衛星サイトの発リンクを調整する

最も有力な被リンクとは、ドメイン力が強いだけではなく、衛生サイトの発リンク数が少ないという条件が加わります。この観点から、多くのSEO会社が結果を出すことができない要因ではないかと考えています。

関係性がない（例えば、美容系のサイトに対して、建築系のブログからリンクを飛ばすなど）ばかりか、色々なWebサイトに向けてリンクを張っていることで、Googleからの評価を落とすことになっているのです。また自前ですと、この調整にも手を加えることができます。

上位表示させたいWebサイトのサブページに向けてリンクを張る

Webサイトの各ページは、そもそも独立したページであり、ページごとにそれぞれの内容は異なっています。そのため、被リンクが全てトップページのみにしか存在しないのはとても不自然です。本来、リンクするに値するページへのリンクを施すべきです。

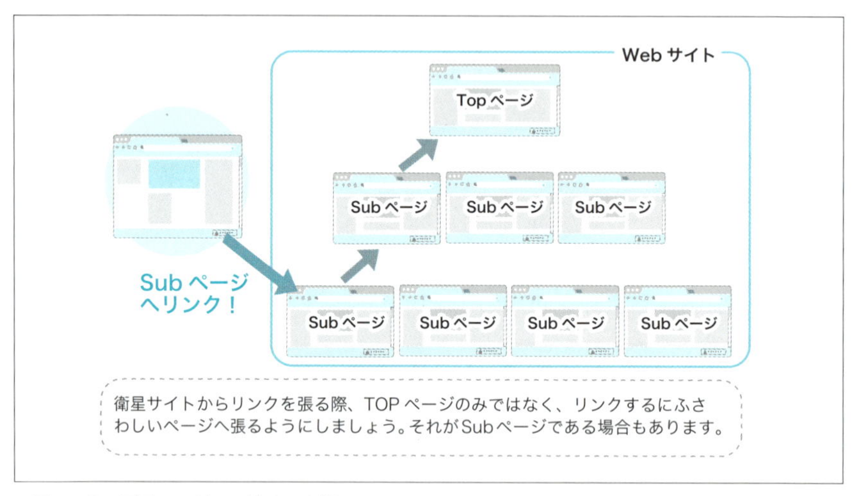

▲図5-5-3　下層ページへの被リンク例

加えて、サブページへのリンクを施すことで、そのトップページにも高評価を与えることになります。なぜなら、内部におけるリンク関係の最上位にトップページが位置しているからです。このように相応しいページが何であるのかという観点のもと、リンクを張るようにしていきましょう。

Summary まとめ

これまで述べてきたように、

①ドメインを分散させる

②各ページや衛星サイトを育て、有効利用する

という2つの事項が、被リンクの張り方においては重要です。

最新版!
これからの
SEO
内部対策
本格講座

第6章

【内部対策を更に活かすための外部対策】の手順

6-1 外部対策の実践：サイトテーマの決定

衛星サイトの立ち位置を定義し、適切なテーマを決定する

Webサイトテーマの選定方法

5章でも説明しましたが、衛星サイトを構築していく際に、本体サイト（上位表示させたい主のサイト）との関わり方に気を付けていかなければいけません。

例えば、上位表示させたいキーワードが、「SEO＋○○」のような場合、「SEO＋△△」という同じSEOという括りならば、共通要素も存在するため、上位表示には最適です。

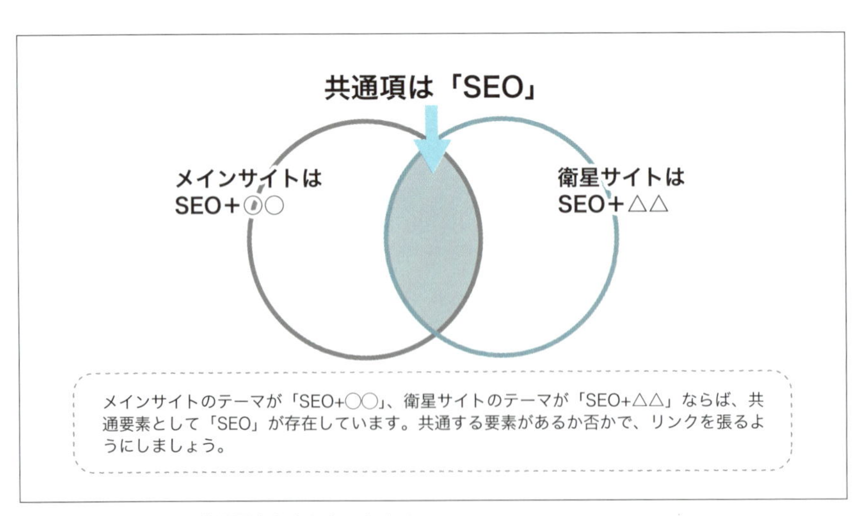

共通項は「SEO」
メインサイトは
SEO＋○○
衛星サイトは
SEO＋△△
メインサイトのテーマが「SEO+○○」、衛星サイトのテーマが「SEO+△△」ならば、共通要素として「SEO」が存在しています。共通する要素があるか否かで、リンクを張るようにしましょう。

▲図6-1-1　テーマは共通要素を含むものとする

なお、SEOという言葉がなかったとしても、5章で説明したように、関連性があるテーマであれば共通要素もあるため、被リンクとしては効果的です。

例えば、"コーディング"や"(Web) デザイン"には、共通要素もあります。

そのため、"コーディング"や"(Web) デザイン"を用いたテーマとしたHPやブログからのリンクは、SEOに役立たせることができます。

また、テーマが思い浮かばないということであれば、サジェストを参照にして探すこともできます。

seo 圏外 理由
こ
seo コンサル
seo 効果
seo 更新頻度
seo 広告
seo コンテンツマーケティング
seo コーディング
seo 構造化データ
seo コツ
seo 効果 期間
seo 講座
さ
セオ サイクル
seo サイトマップ
seo 最新
seo サブドメイン
seo 最新情報

セオ 自転車
k
seo キーワード
seo 会社
seo キーワード 数
seo 検索順位
seo 検索
seo キーワード選定
seo コンサル
seo 効果
seo 基本
seo 海外
l
seo lp
seo lig
seo lpo
seo labo
seo land

google で 女子プロゴルフ 顎 で検索すると LPGA のホームペー...
SEO 対策にて質問です。URL やファイル名に使うのはハイフン...
ある小説を探しています。「主人公もしくは準主役の誰かが検...
IP分散レンタルサーバーについて超初心者に教えてください。...
現在ワードプレスでサイトを一つ運営しています(ほとんど動...
SEOや検索順位を上げることについて、教えてください。小さ...
SEOチェックツールで、yahooとbingが圏外になる実際検索し...
SEO対策の勘定科目を教えてください。7年間HPを上位にあ...
店のHPを数年前に自分で作りました。(BIND5というソフト)...
最近バイナビさんでネットショップ開いたんですけど、閉店後...
SEO広告を検討しています。詳しい方よろしくお願い致します。...

▲図6-1-2 サジェストから見出す衛星サイトのテーマ
【参照URL】http://www.related-keywords.com/

ちなみに、「SEO Webデザイン」や「SEO　デザイン」はありませんので、検索需要としてはあまり多くはないということです。

実際には、画像の形式選定や圧縮など施策は多く存在していますが、見てもらえること、多くの方の疑問にお応えすることなど、ユーザー目線で考えることが基本であり、これもSEOの重要な要素です。

また上記の手法により、自然発生的な外部リンクも増える可能性も高まりますので、いつもユーザーの立ち位置でWebサイトを構築するようにしましょう。

サブページやブログ記事のテーマの選定

記事テーマを検討する際も、サジェストから検討することもおすすめします。

へ	3
seo 変動	seo 301
seo ヘッダー	seo 302
seo 変更	seo 300
seo 変化	seo 301 redirect htaccess
seo ヘッダ	seo 301 redirect checker
seo hee ham	seo 302 redirect
seo head	seo 301 vs 302 redirect
seo hee	seo 301 google
ceo health spa	ceo 3m
ceo health club	ceo 30
ほ	4

▲図6-1-3　サジェストから記事テーマを選定

先ほどの「SEO　コーディング」は、サイトタイトルやブログタイトルとして用いれるほど範囲が広いのに対して、上のように"へ"や"3"の欄にある「SEO　ヘッダー」や「SEO　301」は、記事タイトル程度がちょうどいい分量のテーマです。これは本体サイトの内部ページ、外部対策用の衛星サイトのページとも利用価値があります。

Summary まとめ

これまで述べてきたように、

①関連性を重要視する

②Google サジェストを参考にする

という2つの事項が、衛星サイトのテーマにおいては重要です。

6-2 外部対策の実践：衛星サイトマップを設計する

Web 全体としての設計を行う

リンクは関係性を数珠つなぎにする

例えば、上位表示させたいサイトのテーマが「SEO＋□□」の場合、直接繋がっているリンクが「SEO＋△△」の "SEO" の部分などの共通要素があることを説明してきました。

さらに「SEO＋△△」に向けてのリンクにおいては、"SEO" または "△△" の要素があることが望まれます。

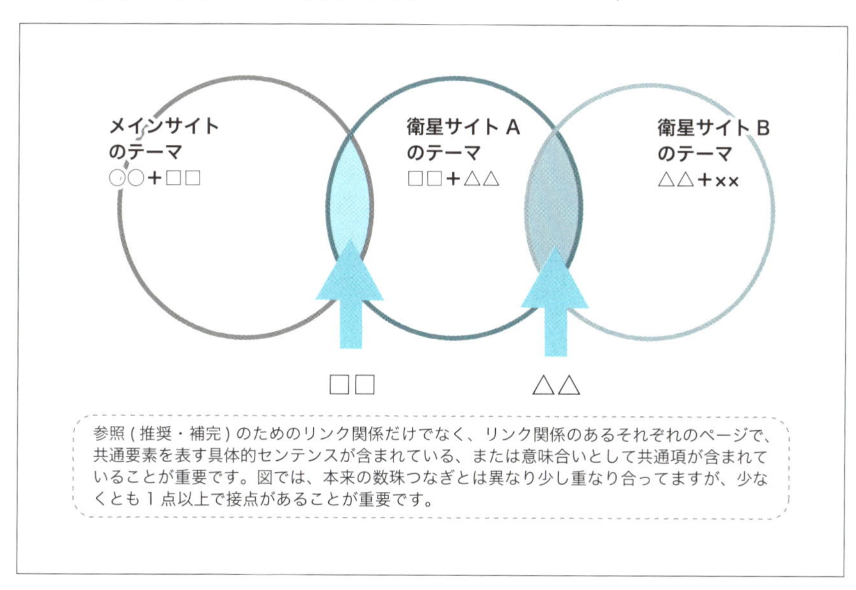

▲図6-2-1　数珠つなぎの例

そして、これを体系的に見ると、図6-2-2のような関係性がベストです。

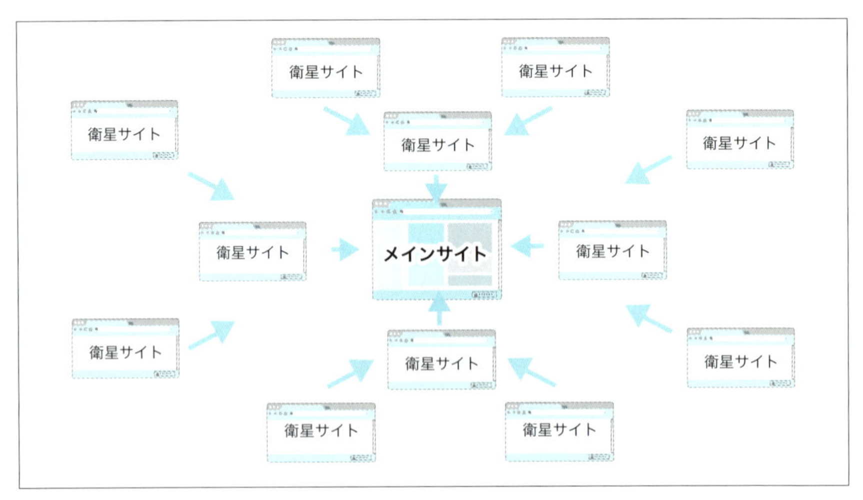

▲図6-2-2　2段階式で考える理想的な被リンクの関係性

ただし、上位表示させたいWebサイトの被リンクのみで、外部への発リンクが全くないのも少し不自然です。そのため、内部を拡充していく中で、不足している情報や参照したいWebサイトがあれば発リンクすることも必要です。

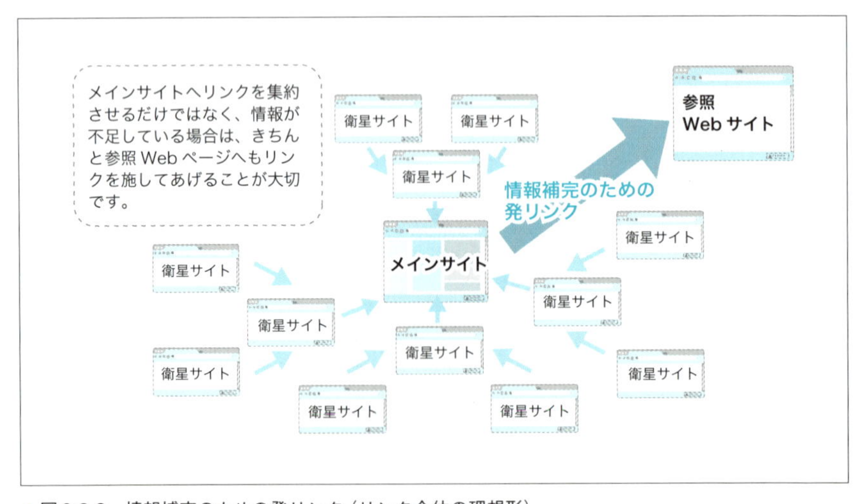

▲図6-2-3　情報補完のための発リンク（リンク全体の理想形）

また、ここで重要なこととして、発リンクの比率や数が多すぎるのもNGです。なぜなら、情報不十分なサイトであることを自ら認めているようなものだからです。

内部拡充をしたうえで、その後どうしても必要な情報がある場合のみ、発リンクを施すようにしましょう。

全体のポジション設計を行う≒内部or外部の見極め

衛星サイトを複数運営することは、SEOにおいて大変効果的です。ただ、よくある間違いとして、ドメインが異なるのですが、それぞれのテーマや内容が被っているWebサイトをよく見かけます。

そもそも被リンクは、自前ではなく自然発生的に増えることが理想なので、内容やテーマが同じサイトから被リンクを得ることも十分考えらえるのですが、数個しか被リンクしかないにも関わらず、同じような内容となっていては、あきらかに自作であることもあからさまになって見抜かれてしまいます。これでは、被リンクとして機能できません。

そのため、自前で作成する衛星サイトのポジション設計が必要となるのです。

これを、実際の例で見ていきます。

【例：不用品回収業界】

不用品回収業界は、便利屋として営業している業者も多く存在するほど、付随する業務も幅広いようです。

ここで、SEO対策業者を福岡で探す場合は、「SEO対策　福岡」や左記のような言葉において、地名を先に検索窓に入れるなどの違いぐらいしかありません（ちなみに、SEO対策という言葉は本来適切ではないのですが、需要に鑑みて“SEO対策”という言葉を用いています）。

対して、不用品回収業界においては、いくつかの言葉が存在しています。福岡で業者を探す場合に類義語も含めると、次のような検索があります。

（地名を先に入力するか否かは省略します）

1.「不用品回収　福岡」
2.「不用品処分　福岡」
3.「片付け　福岡」
4.「廃品回収　福岡」
5.「不用品買取　福岡」

また関連する仕事として、

6.「遺品整理　福岡」
7.「内装解体　福岡」
8.「特殊清掃　福岡」

という内容のものもあります。

ここで、「不用品回収　福岡」というキーワードで上位表示を狙うならば、衛星サイトや衛星としてのブログのテーマ・タイトルは、2〜5までの内容を主とすると、ちょうど同心円に近い立ち位置のため、被リンクとして有効に響きます（図6-2-4）。

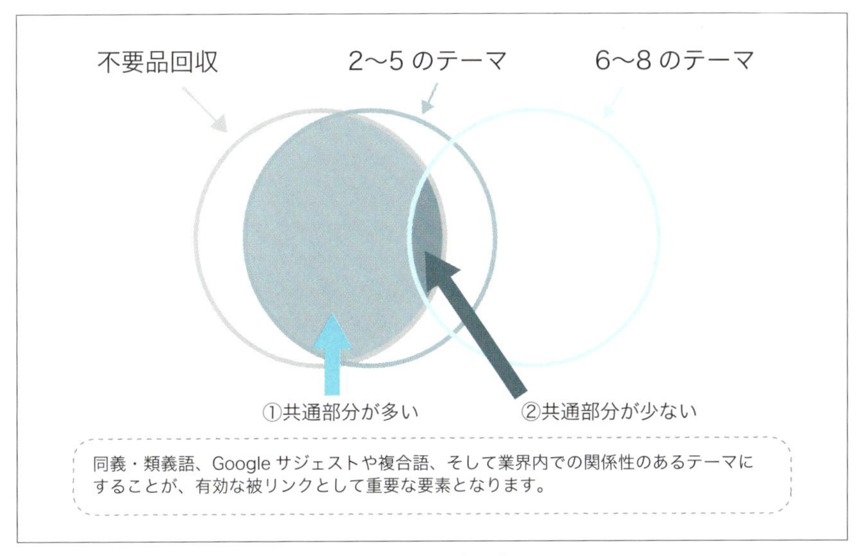

▲図6-2-4　内容が近いが異なるテーマ≒同心円から少しずれたテーマ

また、6〜8のテーマの場合、共通部分が少ないため威力は弱まりますが、さらに色々なキーワードからも流入できますので、守備範囲も広がります。

それから、「遺品整理　福岡」で上位表示を狙うならば、同様に、"遺品整理"に関連するテーマの衛星サイトで、周辺を固めるようにしましょう。

業界に関わっている方が運営するので、どのようなキーワードが妥当なのかは判別できるのかもしれませんが、感覚だけではなく、これまで説明してきた"サジェスト"や"共起関係の言葉"、"同義語"や"類義語"、その他関係性のある言葉などからも需要を探していってください。

ちなみに、"遺品整理"という言葉のサジェストとして、"供養"や"生前整理"、"相続"というキーワードも見つかります。また、遺品処分や遺品回収、遺品処理は同義語です。その場合、次の図6-2-5のようになります。

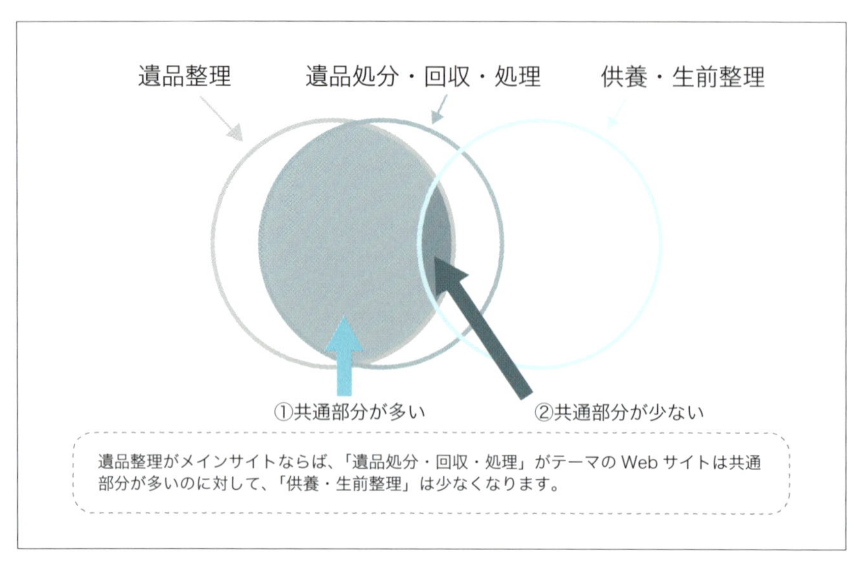
遺品整理
遺品処分・回収・処理
供養・生前整理
①共通部分が多い
②共通部分が少ない
遺品整理がメインサイトならば、「遺品処分・回収・処理」がテーマの Web サイトは共通部分が多いのに対して、「供養・生前整理」は少なくなります。

▲図6-2-5　遺品整理との関係性

となれば、"遺品整理" を行っていくうえで、お寺さんとの供養提携やシニアライフカウンセラーなどと提携を行うと良いこともわかります。

また、それぞれの道のプロと提携して、相互リンクという手法もありますが、相互リンクする相手のサイトそのものや、周辺の被リンクをよく診断のうえ、リンク関係を構築することは良いのですが、先々においても保証できないこともあり、あまりお勧めしません。

このように、内部ページだけのロングテールが、業界内でもクローズアップされる傾向にありますが、本来内部、外部問わず全体としてのバランスが必要です。

異なる内容であるならば、無理に下部ページに追加するよりは、別ドメインで運営した方がまとまりがあり、より良いのです。

加えて、Googleによると、被リンクなしでも上位表示は可能だが困難であることも示唆しています。内部ページとして増やすべきか?衛星などの外部ページで運営していくか?ではなく、本来の相応しいポジションでの運営が望まれます。

Summary まとめ

これまで述べてきたように、

①立ち位置を明確にする

②衛星サイトも含めて、全体設計をする

という2つの事項が、複数サイトの運営においては重要です。

6-3 外部対策の実践：被リンクの否認（非承認）を行う

既についている不要な被リンクへの対策

リンクの否認（非承認）について

リンクの否認（非承認）とは、既に張られている被リンクの評価について、特定のリンクについては評価しないよう、Googleへのお願いを行う作業です。ただ、お願いベースであることから、必ずしもその依頼が通るとはかぎりません。

加えて、リンクの否認は、特別な事情がある場合に限り、使用する機能です。その目安やきっかけとなるのは、次の事象があった場合です。

①GoogleからSearch Consoleに不自然なリンクの警告が届いている
②とある被リンクが張られたタイミングで順位が急落している

このようなことが起こっている場合は、きちんと否認するべきです。

ただし、②の場合は、被リンクが張られて下落した幅が20位未満程度であるならば、一時的な場合もあるため注意が必要です。

というのも、被リンクを張った後に、次のような順位の現象が見られる場合も多くあるからです。

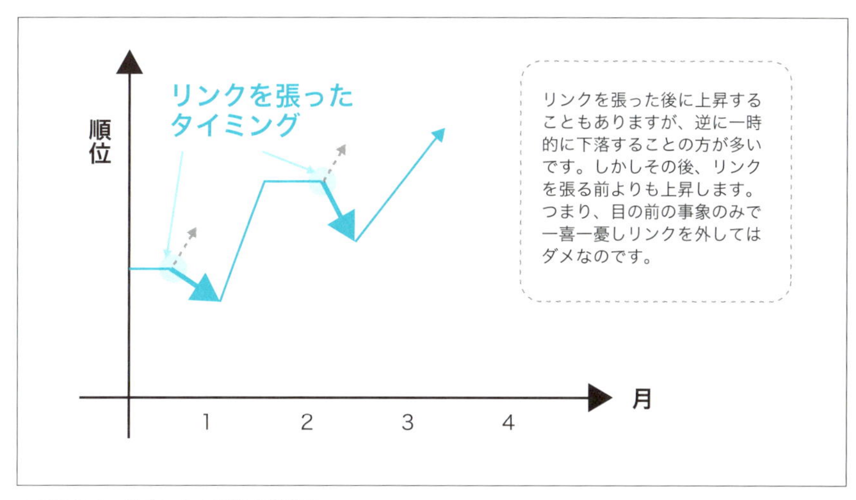
順位
リンクを張ったタイミング
リンクを張った後に上昇することもありますが、逆に一時的に下落することの方が多いです。しかしその後、リンクを張る前よりも上昇します。つまり、目の前の事象のみで一喜一憂しリンクを外してはダメなのです。
月
1
2
3
4

▲図6-3-1　被リンクと順位の関係性

多少のタイムラグも散見されますが、このような順位変動をしばしば見かけますので、少しの下落は上昇の兆しである場合もあることを知っていただきたいと思います。

加えて、被リンクは化学変化の中和に似ています。後から良い被リンクを施せば、量の観点からは、少し悪かった可能性のあるリンクが足を引っ張ることもなくなります。

この点を前提に、被リンク対策と同時に、否認に取り組んでいくようにしましょう。

また、被リンクの周辺事情を調査してみましょう。

例えば、リンクスパムのように自サイトと無関係のサイトとのリンク関係がないかなどを、実際に確かめてみましょう。

否認ツールの使用方法

ツールの使用方法を解説していきます。最初に、否認するURLのリストをテキストファイル内部で作成していきます。

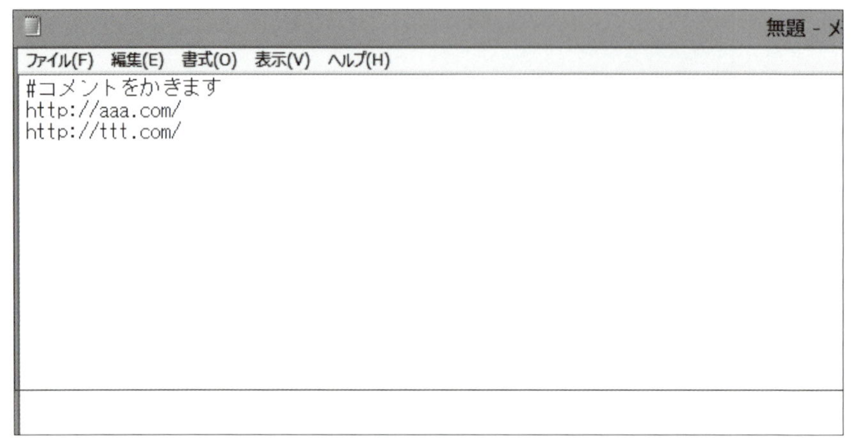

▲図6-3-2　否認の記述方法
【参照URL】https://support.google.com/webmasters/answer/2648487?hl=ja

ファイルの内容は、図6-3-2のように、否認・非承認したいURLを1行ごとに改行して記述していきます。ちなみに、1行目においてはコメントを記述していますが、その場合は、"#" を記述したうえで記述します。

記述を終えたら、保存し次のURLへアップロードします。

> 参照URL：
> https://www.google.com/webmasters/tools/disavow-links-main

図6-3-3　Search Console内部のリンクの否認ページ1

図6-3-3上の①のように、登録しているURLから否認するWebサイトを選択し、②のようにボタンを押します。

その後、再度リンク否認の確認ボタンが表示されますので、その「リンクの否認」ボタンを押すと、次のように表示されます。

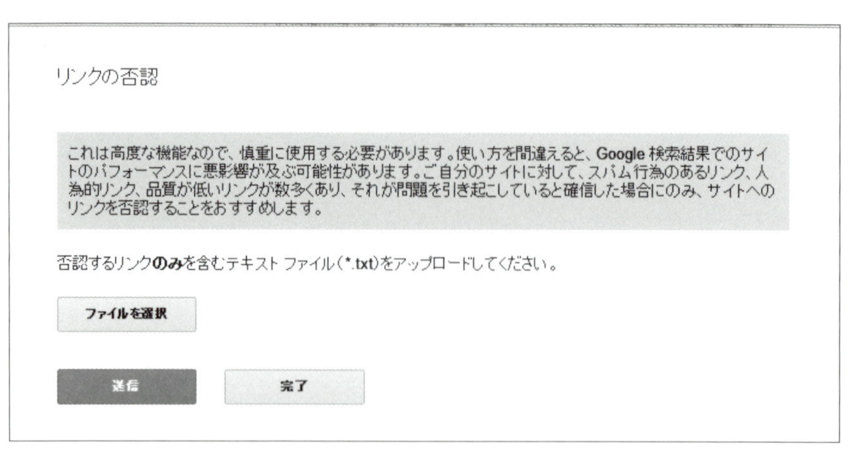
リンクの否認
これは高度な機能なので、慎重に使用する必要があります。使い方を間違えると、Google 検索結果でのサイトのパフォーマンスに悪影響が及ぶ可能性があります。ご自分のサイトに対して、スパム行為のあるリンク、人為的リンク、品質が低いリンクが数多くあり、それが問題を引き起こしていると確信した場合にのみ、サイトへのリンクを否認することをおすすめします。
否認するリンクのみを含むテキスト ファイル（*.txt）をアップロードしてください。
ファイルを選択
送信
完了

▲図6-3-4　Search Console内部のリンクの否認ページ2

これに、ファイル選択ボタンを押してファイル選択をし、送信ボタンを押せばアップロードされます。問題無く送信できたら、最後に完了ボタンを押します（図6-3-5）。

以上が、否認ツールの使用方法です。

なお、リンクの否認においては念を押しますが、慎重を期するべきです。

Googleの注意書きは、次のようになっています。

> これは高度な機能なので、慎重に使用する必要があります。使い方を間違えると、Google 検索結果でのサイトのパフォーマンスに悪影響が及ぶ可能性があります。ご自分のサイトに対して、スパム行為のあるリンク、人為的リンク、品質が低いリンクが数多くあり、それが問題を引き起こしていると確信した場合にのみ、サイトへのリンクを否認することをおすすめします。

▲図6-3-5　Search Console内部のリンクの否認ページ3

状況をよく確認したうえで、最終手段として否認するようにしましょう。

Summary まとめ

これまで述べてきたように、

①慎重によく考えておこなう

②記述方法に注意する

という2つの事項が、被リンクの否認において重要です。

最新版!
これからの
SEO
内部対策
本格講座

Appendix 1

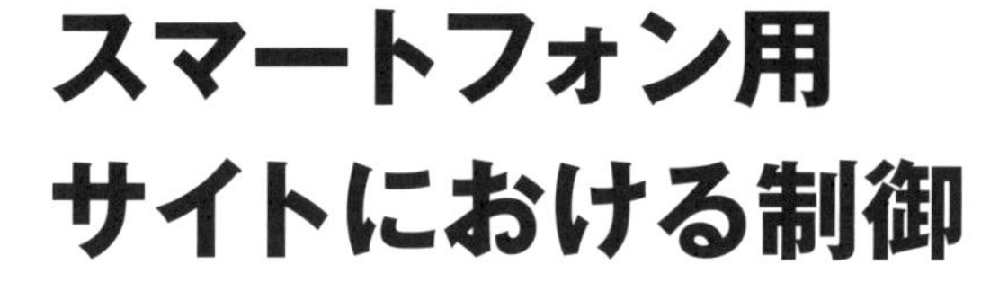

スマートフォン用サイトにおける制御

～.htaccess記述で制御する～

　スマートフォンの閲覧数が増大している現在、スマートフォンを軸とするSEOを必要とするほど、その重要性が変わってきます。例えば、モバイルファーストインデックスの導入など、これからはモバイルからの閲覧を蔑ろにするわけにはいきません。

　ここで、レスポンシブWebデザインをGoogleは推奨していますが、既にスマートフォン用サイトを構築されている方は、検索エンジンのロボットに対して適切な指示を行わなければいけません。Appendix1では、そのための施策について解説していきます。

動的配信での.htaccess記述

動的な配信については、実際に表示されるコンテンツ類が異なるからこそ、本来表示されるべきではないものがキャッシュされないようにすることが必要です。

そのため、.htaccessのmod_rewriteを使ってリダイレクトする際は、「Vary HTTPヘッダー」を1行目に加え、以下のように記述します。

```
Header set Vary User-Agent
RewriteEngine On
RewriteCond %{HTTP_USER_AGENT} (iPhone|Android.*Mobile|Win
dows.*Phone) [NC]
RewriteCond %{REQUEST_URI} !(^/sp/.*)
RewriteRule ^(.*)$ /sp/$1 [L]
```

モバイル用ファイルが、http://www.example.com/sp/ 以下に存在している例ですが、ユーザーエージェント名を用いて自動振り分けをしています。

.htaccessはちょっとした記述ミスでも機能しなくなりますので、スペルミスなど間違いないよう、注意して記述するようにしましょう。

異なるURLでの.htaccess記述

見る側のデバイスで、URLそのものから異なりますので、別々のURL間での移動設定が必要です。

- PC用のURL：http://example.com/
- スマートフォン用のURL：http://example.com/sp/

そしてこの場合、あらゆるページを自動移動したいときには、次のように記述します。

```
RewriteEngine On
RewriteCond %{HTTP_USER_AGENT} (iPhone|Android.*Mobile|Win
dows.*Phone) [NC]
RewriteCond %{REQUEST_URI} !(^/sp/.*)
RewriteRule ^(.*)$ /sp/$1 [R,L]
```

このように記述すると、あらゆるページが移動するようになります。

「http://example.com/」にアクセス
➡「http://example.com/sp/」へ自動移動

「http://example.com/folder/3581.html」にアクセス
➡「http://example.com/sp/folder/3581.html」へ自動移動

「http://example.com/910243.html」にアクセス
➡「http://example.com/sp/910243.html」へ自動移動

また、それぞれのページのhead内部において、

PC側のページには、rel="alternate"

例　⇒<link rel="alternate" media="only screen and (max-width: 640px)" href="http://example.com/sp/">

スマートフォン側のページには、rel="canonical"

例⇒<link rel="canonical" href="http://example.com/">

このように記述することも必要です。

Appendix 2

AMPについて

～表示速度を高速化する～

AMP（アンプ）は、これからのモバイルファーストの時代において、必須となる可能性の高い要素です。仕様は非常に厳格となっていますので、ガイドラインに沿って作成することが求められています。

SEO施策は、今後も時代の流れに沿って少しずつ増えてくるでしょう。そして重要なのは、指導方針や作成手順に基づいて作成するということです。本来誰もがGoogleからの平等な情報を得ているのに、順位に差がついてしまうのは、いかに如実にガイドラインを守っているかということに帰結します。

この一つひとつの積み重ねが、結果として上位表示へと繋がるのです。

AMP（アンプ）とは

AMPとは、GoogleとTwitterで共同開発されているモバイルページでの表示を高速化する手法で、「Accelerated Mobile Pages（アクセラレイティッド・モバイル・ページ）」を略したものです。仕様は厳格で、専用ページの作成が必要となります。

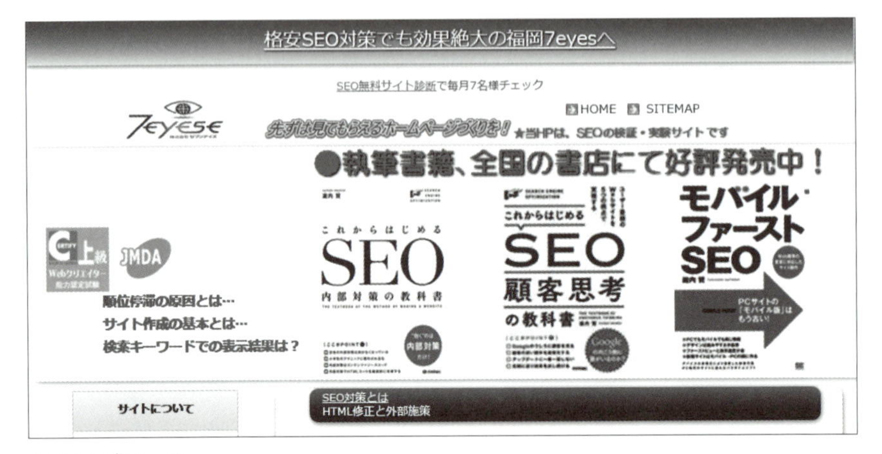

▲図1 通常ページ

通常ページは、PC閲覧ではオーソドックスな2カラムのページです。

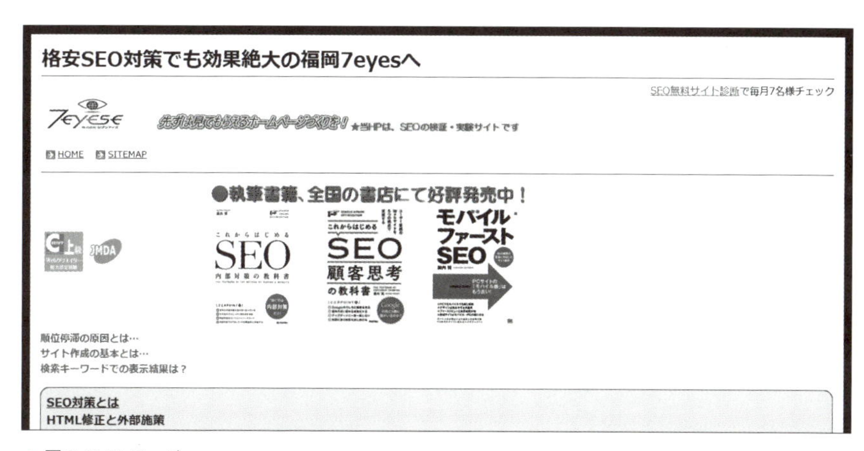

▲図2 AMPページ

AMPページは、表示の高速化を目的とした仕様となっています。また、スマートフォン閲覧を意識して、1カラムとなっています。

ちなみに導入後は、モバイルの検索結果に「AMP」のラベルが表示されます。

SEO上はコピーコンテンツ回避が重要

AMPページを作成した場合、スマホ専用ページを作成したときと同様、検索エンジンのロボットに対して、ページ同士の関係性を示すことも必要となります。その背景には、コピーコンテンツを回避するという目的があります。

ampというディレクトリを作成して格納した場合の必要記述ですが、
通常ページ「http://7eyese.com/a.html」
➡AMPページ「http://7eyese.com/amp/a.html」
の場合、次のようになります。

通常ページのhead内記述

```
<link rel="amphtml" href="http://7eyese.com/amp/a.html">
```

この記述により、AMPページをクロールします。

AMPページのhead内記述

```
<link rel="canonical" href="http://7eyese.com/a.html">
```

この記述により、通常ページを参照します。

※通常ページのないAMPページは、自ページへcanonicalを施します。

このようにhead内に記述すると、AMPページの存在を正しく検索エンジンに伝えることができます。

また、上記記述の前提として、該当ページに対してクローラがアクセスできるようにすることが必要です。

具体的には、次のとおりです。

①robots.txtが関わっていないかを確認する。
②meta要素にnofollowなどを使用しないようにする。

事前にページ周辺事情や状態を確認した上で、施策を行うようにしてください。

AMPページの仕様と留意点

AMPページの仕様においては、決まり文句のような記述も非常に多いです。ガイドラインを確認のうえ、間違えないよう注意しましょう。

また、次の点には特に気を付けるようにしてください。

◎html要素には、AMPであることを示すために**amp**を加える。

➡ **<html amp>**

◎DOCTYPE宣言は。**HTML5**にする。また附随して、meta要素ではhttp-equiv属性は使えないので消す。

◎文字コードは**UTF-8**にする。

◎ビューポートを設定する。

```
➡ <meta name="viewport" content="width=device-width,minimum-scale=1,initial-scale=1">
```

◎link要素は**「rel="canonical"」以外使用不可**。

➡ <link rel="canonical" href="http://7eyese.com/"> のように、普通バージョンのサイトのURLを指定する。他、外部スタイルシートなどの参照指定はNG。

◎**"AMP専用のスタイルシート"**は、head要素内に<style amp-custom>〜</style> の内側に1回だけ書く。ただし、Webフォント用のファイルを読む目的ならば、例外として使用可能。また、外部参照等使用せず、**インラインでのCSS総容量は50KB**となる。

◎AMP専用のJavaScriptを「<script async src="https://cdn.ampproject.org/v0.js"></script>」のようにして読み込む。
➡「AMP専用のJavaScript」を除いて、通常のJavaScriptファイルは一切読み込めない。Google Analyticsの場合も、代替コードが用意されている。

◎タイトルや更新日時、サムネイル画像などをまとめて記述したメタデータを、script要素を使って「JSON-LD」を書く。
➡検索エンジンに正しく伝えるための記述である。

◎画像の表示にはimg要素ではなく、**専用のamp-img要素**に書き換える。
➡動画なども同様。Videoはamp-video、Audioはamp-audio、Iframeはamp-iframeに置き換える必要がある。

このように仕様は厳格で、仕様通りに記述しなければエラーとなります。

だから最後に、AMPが正しく設定されているかを、「Google Chromeのデベロッパーツール」、「Google Search Console」、「The AMP Validator」、「Google構造化データテストツール」で確認することをお勧めします。

なお、筆者個人としての意見ですが、ワードプレスのプラグイン対応などにおいては、AMP導入の手間はそれほど多くはないのかもしれませんが、何の仕組みもない1から構築したWebサイトの場合、多くの手間・作業が発生します。そのため、SEOのアルゴリズムに対して、大きく関わっていくことは現況考えにくいのです。但し、将来を見越して早目の対応をお勧めします。

Appendix 3

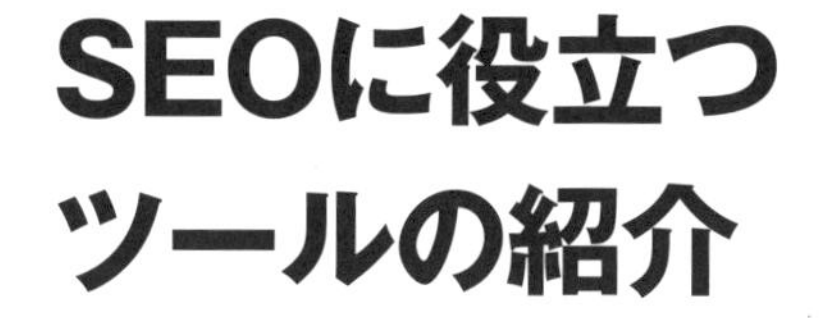

SEOに役立つ ツールの紹介

～ツールを有効活用する～

Appendix3では、SEOの施策に役立つツールや、Webサイトの現状を知るうえで必要となるツールを紹介していきます。無料で使用できる範囲の活用でも、SEO施策に多く活かすことができるので、ぜひ試してみることをお勧めします。

その他、順位やアルゴリズムの変動を確認することができるツールもあります。それぞれ、適時に利用するようにしてください。

お勧めできるツール一覧

筆者がお勧めするSEOツールには、次のようなものがあります。

□URL登録

【Search Console】

URL: https://www.google.com/webmasters/tools/submit-url?hl=ja

【Bing登録】

URL: http://www.bing.com/toolbox/submit-site-url

□キーワード選定

【Google AdWordsのキーワードプランナー】

URL: https://adwords.google.com/

【グーグルサジェスト　キーワード一括DLツール】

URL: http://gskw.net/

【KOUHO.JP】

URL: http://kouho.jp/

【User Local テキストマイニングツール】

URL: http://textmining.userlocal.jp/

【keyword map SEOリサーチ】

URL: https://keywordmap.jp/seoresearch/

【Google Trends】

URL: https://www.google.co.jp/trends/

□順位チェックツール

【GRC】

URL: http://seopro.jp/grc/

□Webサイト診断ツール

【SEOチェキ】

URL: http://seocheki.net/

【SEOツール】

URL: https://www.seojapan.co.jp/seotool/

【SEO TOOLS】

URL: http://www.seotools.jp/

【itomakihitode.jp】

URL: http://itomakihitode.jp/

□Googleのアルゴリズム変動確認ツール

【barracuda】

URL:

https://barracuda.digital/panguin-tool/

https://panguintool.barracuda.digital/analytics/chart

【namaz.jp】

URL: http://namaz.jp/

□モバイル対応ツール

【モバイルフレンドリーテスト】

URL: https://search.google.com/search-console/mobile-friendly

【Page Speed Insights - Google Developers】

URL: https://developers.google.com/speed/pagespeed/insights/?hl=ja

【Google Chrome（ブラウザ）】

URL: https://www.google.com/chrome/browser/desktop/index.html?hl=ja

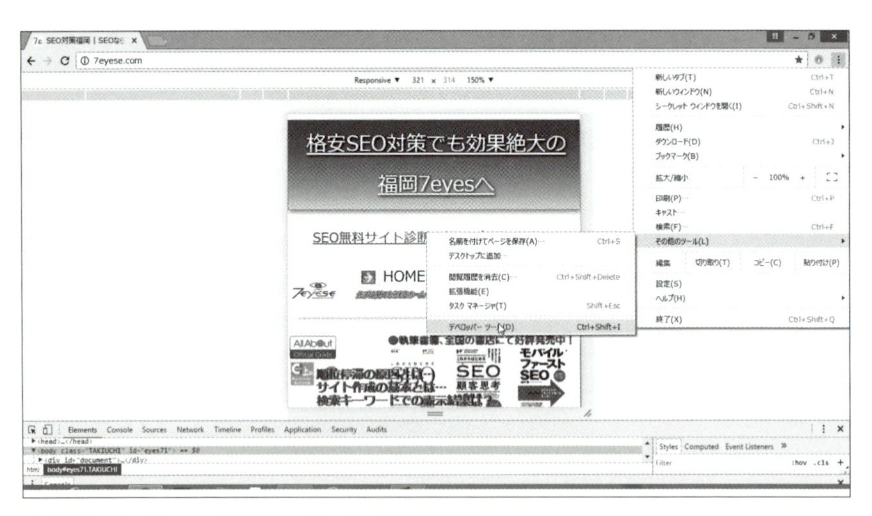

▲図1 Google Chromeのデベロッパーツールを利用する

ブラウザ画面右上の3本線(3点)のメニューから、「その他のツール(L)」⇒「デベロッパーツール(D)」を選択すると、ブラウザの閲覧をPCからスマートフォン用へと変更することができます。

図1は、ブラウザの機能を用いて、スマホ閲覧を視覚的に確認するための方法です。

Google　Chromeを開いて、右上の機能選択ボタンから「その他のツール」➡「デベロッパーツール」を選択すると、ブラウザ画面の横幅を縮小・調節可能です。

最新版!
これからの
SEO
内部対策
本格講座

索引
Index

記号・数字

A～F

G～H

I～R

S～W

あ行

か行

さ行

た行

な～は行

ま行

や～ら行

著者紹介

瀧内 賢（たきうち さとし）

株式会社セブンアイズ代表取締役。福岡大学理学部応用物理学科卒業。
SEO・SEMコンサルタント、Webマーケティングプランナー。
趣味で始めた通販サイトが雑誌に掲載され、「見てもらえるホームページづくり」がサイト制作の基礎であると強く感じるようになる。
SEO等に関する様々な実験・検証を繰り返し、現在に至る。

Webクリエーター上級資格者。All Aboutの「SEO・SEMを学ぶ」ガイド。
ミラサポ（中小企業庁委託事業）派遣専門家。

著書に「これからはじめるSEO内部対策の教科書」「これからはじめるSEO顧客思考の教科書」（ともに技術評論社）、「モバイルファーストSEO」（翔泳社）がある。

最新版！これからの SEO内部対策 本格講座

発行日　2017年 3月14日　第1版第1刷

著　者　瀧内 賢

発行者　斉藤　和邦

発行所　株式会社　秀和システム

〒104-0045

東京都中央区築地2丁目1−17　陽光築地ビル4階

Tel 03-6264-3105（販売）Fax 03-6264-3094

印刷所　三松堂印刷株式会社　Printed in Japan

ISBN978-4-7980-4952-6 C3055

定価はカバーに表示してあります。

乱丁本・落丁本はお取りかえいたします。

本書に関するご質問については、ご質問の内容と住所、氏名、電話番号を明記のうえ、当社編集部宛FAXまたは書面にてお送りください。お電話によるご質問は受け付けておりませんのであらかじめご了承ください。